罗斯金的
美学与宗教观

魏怡 著

中国大百科全书出版社

图书在版编目（CIP）数据

罗斯金的美学与宗教观/魏怡著．—北京：中国大百科全书出版社，2020.3

（跨文化研究丛书）

ISBN 978-7-5202-0711-9

Ⅰ.①罗… Ⅱ.①魏… Ⅲ.①罗斯金—美学思想—研究 Ⅳ.①B83-069

中国版本图书馆CIP数据核字（2020）第043857号

出 版 人 刘国辉
策 划 人 曾 辉
责任编辑 程广媛
装帧设计 乔智炜
责任印制 常晓迪
出版发行 中国大百科全书出版社
地　　址 北京市阜成门北大街17号　**邮政编码** 100037
电　　话 010-88390969
网　　址 http://www.ecph.com.cn
印　　刷 北京君升印刷有限公司
开　　本 710毫米×1000毫米　1/16
印　　张 14.5
字　　数 180千字
印　　次 2020年7月第1版　2020年7月第1次印刷
书　　号 ISBN 978-7-5202-0711-9
定　　价 58.00元

目　录

导　言

走进罗斯金

约翰·罗斯金（John Ruskin：1819-1900）是19世纪英国维多利亚时期（Victorian Era：1837-1901）最富盛名的学者、艺术评论家和美学家，被誉为“维多利亚时代的大师”（Great Victorian）[①]“美的使者”（Messenger of Beauty），与托马斯·卡莱尔、马修·阿诺德等人并称为“维多利亚时代的圣人”（Victorian Sage）。美国布朗大学研究维多利亚时期的学者乔治·P. 兰多认为，罗斯金影响了自己所处时代的艺术、社会环境、经济学、教育、工艺美术、建筑等领域，甚至从生态学等视角出发论及了政府责任。[②] 他博学多才，饱读诗书，在写作时游刃有余地引用阿奇博尔德·艾利森（Archibald Alison）、埃德蒙·伯克

① Leon, Derrick Lewis. *Ruskin: The Great Victorian*. London: Routledge & Kegan Paul, 1949: xi. Landow, George P. *Ruskin*. New York: Oxford University Press, 1985, p. 16.

② Landow, George P. *The Aesthetic and Critical Theories of John Ruskin*. New Jersey: Princeton University Press, 1971, p. 5.

图 1：中年时期的罗斯金

(Edmund Burke)、詹姆斯·达菲尔德·哈丁(James Duffield Harding)、威廉·哈兹里特(William Hazlitt)、威廉·霍尔曼·亨特(William Holman Hunt)、席勒(Schiller)、亚当·斯密(Adam Smith)、温克尔曼(Winckelmann)等人的作品。而且，他对当代人的影响也颇为广泛，遍及艺术、美学、文艺批评、建筑、工艺美术与教育等诸多领域。他对艺术的深刻解读、极强的文本阅读与剖析能力、辛辣的社会评论，以及对人类生活品质的推崇等都给我们极大的启迪。

罗斯金著述颇丰，其《全集》(*The Works of John Ruskin*)有39卷之巨。主要美学思想论著五卷本《近代画家》(*Modern Painters*)集中体现了他的绘画美学思想。《建筑的七盏明灯》(*The Seven Lamps of Architecture*)、三卷本《威尼斯之石》(*The Stones of Venice*)则体现了他的建筑美学思想。以上作品是本书在研究其美学思想时的主要参考文本。另外，他关于"崇高"这种美学范畴的论述散见于诸多作品中。后文的论述也会包括这些作品中的相关章节。

罗斯金的美学思想绝不是高高在上、不食人间烟火的玄学思辨。他对后世的影响也绝不仅限于美学和艺术方面的价值。他的社会批评以及对人类存在价值、思想境界、道德修养、人类与自然界和上帝关系的终极追问也将是本书的研究重点。此部分论述多来源于他的以下著作：《给未来者言》(*Unto This Last*)、《普雷特利塔》(*Praeterita*)等。

本书共有五章。第一章将罗斯金重新置于他生活的维多利亚时代的英国，联系当时的文化历史语境，解读其多重身份，并剖析他美学思想中的多个侧面及其来源。第二章重点论述其宗教思想的变化，因为这才是影响其美学思想的深层原因。第三章着眼于他的绘画美学思想，比较他与同时代流行的美之观点的异同，探讨了类型美、活力美，揭示出深层的福音派类型说。第四章关注他在不同时期的崇高观，并指出各个时期的宗教观念是这些崇高观形成的深层原因。第五章以《建筑的七盏明灯》为主要研究文本，探讨了罗斯金提出的建筑艺术七大原则。

在进入正文之前，有必要回顾一下国内外有关罗斯金生平和思想的论述。

研究现状

国外

罗斯金涉猎领域丰富，思想不断变化，在不同时期针对不同美学问题有不同看法，因此在国外影响广泛，单传记就有若干版本。影响最大的当推威廉·科林伍德（William Gershom Collingwood）的《罗斯金生平》[①]（1911 年）和库克（E. T. Cook）的《罗斯金生平》[②]（1912 年）。两个版本出版年份只相差一年，分别对罗斯金生平经历、教育背景、宗教信仰和思想变化进行了详细论述。科林伍德深刻剖析了罗斯金的诸多身份：诗人、艺术批评家、先知、异教徒、社会评论家等，并解读了他在不同时期不同作品的撰写主题。库克则按时间顺序将罗斯金生活的地点、重要事件、撰写或出版作品、主要观点展现在读者面前，非常丰富、全面。20 世纪中期，德里克·利昂（Derrick Lewis Leon）出版了备受学界赞誉的罗斯金传记——《罗斯金，伟大的维多利亚人》[③]，用细

① Collingwood, William Gershom. *The Life of John Ruskin*. London: Methuen & CO. LTD, 1911.

② Cook, E. T. *The Life of John Ruskin*. London: George Allen & Company, LTD, 1912.

③ Leon, Derrick Lewis. *Ruskin: The Great Victorian*. London: Routledge & Kegan Paul, 1949.

腻的笔触，将罗斯金的个人悲剧与公众生活娓娓道来，从崭新视角仔细解读了其作品。这部 1949 年出版的作品一直被视为研究罗斯金生平的标准传记。此外，约翰·布莱德利（John Lewis Bradley）的《罗斯金入门》介绍了罗斯金生涯及作品，[①] 约翰·亨特（John Dixon Hunt）的《更宽的河流：罗斯金生平》则详细叙述了罗斯金的个人生活及其对风景的敏锐体悟。[②]

在学术领域，关于罗斯金思想的研究数不胜数。针对其美学思想的研究始于鲍桑葵（Bernard Bosanquet）。在《美学史》一书中，他将罗斯金的艺术思想视为 19 世纪英国近代美学的重要成就，将其称为近代“表现主义”执牛耳者。[③]他详细剖析了罗斯金的“美的纯粹性”、“自然美与艺术美之间的关系”、“美与有用”、“美与情感表现的综合”、“崇高”、“丑”、“情感误置”（Pathetic Fallacy）、“想象理论”［包括“联想性想象”（Imaginative Associative）、“洞察性想象”（Imaginative Penetrative）和“凝思性想象”（Imaginative Contemplative）］、“匠人的机械性与艺术家的创造性之间的区别”等概念，并结合罗斯金之前以及同时期学者的观点进行了比较评述。不过，鲍桑葵并未十分关注罗斯金思想中对美学与道德紧密联系的强调。实际情况是，罗斯金在论述任何美学问题与范畴时，都习惯将其上升到道德层面，并将之与其自身的宗教观念联系起来。在《建筑的七盏明灯》前言中他就说过，任何普世法则都是伦理与道德方面的法则，一切实际法则也都是对道德法则的解

① Bradley, John Lewis. *An Introduction to Ruskin*. Boston: Houghton Mifflin, 1971.

② Hunt, John Dixon. *The Wider Sea: A Life of John Ruskin*. New York: Viking, and London: Dent, 1982.

③ Bosanquet, Bernard. *The History of Aesthetics*. London/New York: Macmillan, 1892.

读。[①] 可以说，鲍桑葵仅关注罗斯金思想的艺术和美学价值，并未深刻把握其深层内涵。

英国著名艺术批评家、美学家罗杰·弗莱（Roger Fry：1866－1934）在《视觉与设计》[②] 中指出，罗斯金像是一位卫道士，认为想象力必须为道德服务，艺术须发挥道德教导作用，弘扬善行、阻止罪恶。这一评价符合罗斯金的核心思想，但是弗莱的评价似乎偏贬义。对他来说，一件艺术作品的形式比内容更重要，视觉特征远胜其主题内容。他还认为艺术领域不应强调道德责任，而应表现脱离“真实存在束缚”的生活；艺术家应该通过色彩与明暗等形式上的安排，表达思想感情。从这种唯美观出发，自然无法解读罗斯金思想中对宗教和道德的侧重。

与弗莱同年出生的意大利著名美学家贝奈戴托·克罗齐（Benedetto Croce：1866－1952）曾在《美学》（*Aesthetic*）一书中指出，罗斯金关于美学范畴的阐述是空泛、枯燥无味的（prosaic），其“美学思想贫乏，缺乏连贯性和系统论证，遵循的只是自然的合目的说与神秘的直觉说”。[③] “罗斯金的性情气质完全与哲学家类型相反，散文精彩而随性，其中充斥着以自我为中心的梦想、反复无常的善变和随想。”[④] “罗斯金如艺术家一般的超常感知力和他的宗教信仰紧密相连。人们应该将其作品当作艺术品来欣赏，但它们并不具有哲学价值。”[⑤] 他还指出，罗斯

---

① Ruskin, John. *The Seven Lamps of Architecture*. New York: J. B. Alden, 1885, pp. 11-14.

② Fry, Roger. *Vision and Design*. New York: Meridian Books, 1955, pp. 16-38.

③ Croce, Benedetto. *Aesthetic: As Science of Expression and General Linguistic*. New York: Transaction Publisher, 1995, p. 333.

④ Croce, Benedetto. *Aesthetic: As Science of Expression and General Linguistic*. New York: Transaction Publisher, 1995, p. 334.

⑤ 从罗斯金的作品颇具散文特质，并非一个完整、严密、系统的理论体系来说，这一点确实如此。

金所谓美的“观照能力”（Theoretic Faculty）[①] 与智力或感情的运用完全不同，是来自于“神性目的的显现”。[②]“自然美是上帝刻于其作品上的印记。”（The signature of God upon his works.）[③] 换句话说，自然美是未被人类双手触及的，远超出人类艺术家能力之外的上帝杰作。人类只有怀着纯粹的心绪，通过凝神观照，才能感悟这种自然美。可见在很多方面，克罗齐对罗斯金的评价非常深刻。罗斯金本人确实没有构建严密美学体系的愿望。他著作多广，用语古雅，并非遵循严格的逻辑推理，时而偏爱散文式的直抒胸臆，时而又有情绪激烈的无情批判。另外，他的美学思想确实如克罗齐所说不似完整严密的体系，而是一个始终变化的过程，甚至关于同一范畴在不同论著中他也曾表达过前后矛盾的观点。克罗齐所谓“自然的合目的说与神秘的直接说”“神性目的的显现”实际上已经接近了罗斯金思想的精髓——宗教思想。

意大利批评家里奥奈罗·文杜里（Lionello Venturi：1885-1961）在《艺术批评史》中指出，罗斯金认为艺术家在创作时要遵循“爱的原则”（principle of love），凭借“真挚的感情”（sincerity of feeling），充分表达心绪性情（states of temper）和道德情感（the moral feeling）。[④] 尘世的艺术家们始终领悟和感受着自然之美。这种能力来源于“古老的宗教之根”，是“狂喜状态中宗教情感与自然的神秘交融”。“有了真挚的宗教情绪，艺术就会自然而然地创造出来”。[⑤] 接着，艺术家的双手将自

① Ruskin, John. *Modern Painters*. Vol. II. New York: Merrill & Baker, 1897, p. 12.

② Croce, Benedetto. *Aesthetic: As Science of Expression and General Linguistic*. New York: Transaction Publisher, 1995, p. 334.

③ Ruskin, John. *Modern Painters*. Vol. II. New York: Merrill & Baker, 1897, p. 37.

④ Venturi, Lionello. *History of Art Criticism*. New York: E. P. Dutton & Co, 1936, p. 183.

⑤ Venturi, Lionello. *History of Art Criticism*. New York: E. P. Dutton & Co, 1936, p. 181.

己亲身经历的神性狂喜之情注入作品之中，而其作品作为媒介，又会将同样纯粹、热烈的情绪传递给欣赏其作品的观者。可见，文杜里强调了罗斯金艺术思想的宗教来源和道德追求。此外他还指出，罗斯金认识到“视觉抽象原素”（abstract elements of vision[①]，如色彩、光线）在绘画中的独立价值，认为他“第一次赋予造型方式一种历史性内容，将它们从技术层面提高到审美层面”，从而将“视觉的抽象元素转化为特定历史条件的象征”。他认为“明暗的方法与抽象性真实的科学探讨相一致，而色彩的方法则与艺术想象的自然、自由、静穆以及恰当的处理相一致”。[②] 另外，他还将罗斯金美学思想中的宗教因素与浪漫主义倾向联系起来，并将其视为“浪漫主义批评的顶峰”，认为他“在艺术批评史中永久占据着一席之地”[③]，这一评价非常客观。

之后一些学者受当时社会思潮的影响，尝试从美学或艺术以外的维度阐释和解读罗斯金思想。在这种背景下，R. H. 威伦茨（Reginald Howard Wilenski：1885–1975）掀起了又一轮研究热潮。在 1933 年出版的《约翰·罗斯金——对其生平以及著作的进一步研究》[④] 一书中，他用实证方法证明了罗斯金对当代艺术的影响，并运用弗洛伊德的“精神分析法”分析其各时期的精神状态，认为罗斯金患有精神分裂症。罗斯金后期确实被精神病所困扰，但是威伦茨的做法显然丝毫未从理论高度把握其美学思想，只是迎合了当时的社会思潮，有哗众取宠的嫌疑。另

① Venturi, Lionello. *History of Art Criticism*. New York: E. P. Dutton & Co, 1936, p. 184.

② Ruskin, John. *Lectures on Art Delivered before the University of Oxford in Hilary term*. Oxford: The Clarendon Press, 1875, p. 147.

③ Venturi, Lionello. *History of Art Criticism*. New York: E. P. Dutton & Co, 1936, p. 186.

④ Wilenski, Reginald Howard. *John Ruskin: An Introduction to Further Study of His Life and Work*. London: Faber & Faber Limited, 1933, pp. 220–225.

外，罗斯金丰富的美学思想和观点并不能简单地归结为精神分裂症。

20 世纪 50 年代以来，罗斯金美学思想凸显了新的社会和文化意义。在这一背景下，匈牙利艺术史家阿诺德·豪塞尔（Arnold Hauser：1892–1978）在《艺术的社会史》一书中指出："在罗斯金之前，人们从未清晰地认识艺术与生活的有机联系。毫无疑问，他率先将艺术以及艺术趣味的衰落解读为整体文化危机和病症。"① 他指出，作为维多利亚时代艺术与文艺评论家，罗斯金敦促人们从相关的社会、经济和政治语境中理解和感知艺术，并强调艺术应引起广泛关注，因为它对社会存在与文化发展至关重要。其实这一点是包括他在内的所谓"维多利亚圣人们"都关注的问题，如马修·阿诺德。

1961 年，纽约哥伦比亚大学出版社出版了约翰·罗森伯格（John D. Rosenberg）撰写的《暗化的玻璃：罗斯金天赋的肖像》②。这本书叙述了罗斯金的研究生涯，可读性极强。作者被誉为"当代罗斯金研究之父"，而这部传记也预示了当代罗斯金研究热潮的兴起。

1985 年，乔治·P. 兰多（George P. Landow）在《罗斯金》③ 一书中对这位美学家的所有作品进行了全面评述和总体研究，指出应将他作为符号学家进行解读。而他的另一部著作《约翰·罗斯金的美学与批评理论》更是 20 世纪 70 年代罗斯金研究的重要成就之一。④ 兰多将罗斯

① Hauser, Arnold. *The Social History of Art*, Vol. II. New York: Knopf, 1952, pp. 820–822. "He (Ruskin) was indubitably the first to interpret the decline of art and taste as the sign of a general cultural crisis."

② Rosenberg, John D. *The Darkening Glass: A Portrait of Ruskin's Genius*. New York & London: Columbia University Press, 1961, p. xi.

③ Landow, George P. *Ruskin*. New York: Oxford University Press, 1985, p. 12.

④ Landow, George P. *The Aesthetic and Critical Theories of John Ruskin*. New Jersey: Princeton University Press, 1971, p. 35.

金置于维多利亚时代的文化、社会和历史语境中，细致系统地研究其美学思想，分别剖析了他身上的浪漫主义和古典主义影响，探讨了他的“如画”（picturesqueness）、“类型美”（typical beauty）、“活力美”（vital beauty）、“崇高”（sublime）等概念。该著作行文流畅、通达易懂、内容丰富、立论确凿，是理解罗斯金美学思想的重要论著。此外，他还论述了罗斯金的福音派信仰、信仰危机等心路历程，指出其在美学思想史上的重要地位。除罗斯金之外，兰多还详细研究了维多利亚时代、其他学者和“圣人”，创建了网站 http：//www. victorianweb. org/，分哲学、宗教、科学、技术、视觉艺术等板块，系统论述了这一时代的人物及其思想。

此外，上文提到的约翰·布莱德利还编辑了《罗斯金：批评遗产》[①] 一书，将 1843 年至 1900 年间关于罗斯金作品的评论文章收集成册。另有一些学者侧重论述罗斯金对现代设计、建筑、工艺美术与教育等领域的影响。鉴于本书不侧重这些方面，此不赘述。

国内

在罗斯金美学思想的译介方面，代表作《近代画家》（或译为《现代画家》）有若干译本，《建筑的七盏明灯》《威尼斯的石头》等也有汉译本，但译者并非美学专业人士，对某些英文词汇的理解和译法未能传达罗斯金的本意。若依靠这类汉译本来了解其美学思想，势必会遭遇一些困难。而阅读罗斯金的英文原著又是一项不小的挑战，因为他行文古雅，文笔隽永，句型结构复杂，批评尖锐。在学术梳理方面，朱光潜

① Bradley, John Lewis. *Ruskin: The Critical Heritage*. London, Boston, Melbourne and Henley: Routledge & Kegan Paul, 1984, p. xii.

所著《西方美学史》以及李醒尘所著《西方美学史教程》中都没有提到罗斯金的名字。蒋孔阳、朱立元的《西方美学通史》以编译为主罗列了罗斯金的各项美学主张。刘须明的《约翰·罗斯金艺术美学思想研究》一书概述了罗斯金的绘画和建筑美学思想，但却忽略了其中最重要的宗教思想来源。近年一些学者已开始关注罗斯金深层的宗教思想。在中国社会科学出版社出版的《西方美学史》第三卷中，笔者的导师王柯平先生着重论述了罗斯金的美学思想，涉及绘画诗学观、类型美与活力美、想象力的三种形态及崇高与画境等方面，观点明确、论述精辟。更重要的是，他指出了"在早期信仰的影响下，罗斯金格外重视艺术与宗教的关系"，[①] 只是"他的宗教信仰及其'偶像崇拜'（idolatry）心理，难免会突出某些超出艺术领域之外的附加因素，譬如将万物之美强辩为上帝之光的投影或流射结果"。此处的附加因素正是罗斯金深厚的宗教背景，以及他所继承的来自于古典主义思潮的新柏拉图主义思想。[②]

在学术研究方面，与国外学界对罗斯金的广泛关注相比，国内的研究仍有待加强。20 世纪 90 年代以来，《文艺研究》《外国文学评论》《新美术》《美术研究》等期刊均刊登过研究罗斯金的文章，不过这些文章多从美术角度出发，倾向于罗列历史事件。一些论文专门论述了罗斯金的某一美学范畴（如关于美的论述），如：刘须明的《维多利亚时代的圣人——约翰·罗斯金艺术美学思想研判》（《艺术百家》，2006 年第 1 期），王柯平的《罗斯金论美的两种形态》（《美术观察》，2007 年第 2 期）。一些论文将罗斯金对某一美学范畴的论述与以往美学家的观

① 李鹏程、王柯平、周国平：《西方美学史》（第三卷），中国社会科学出版社 2008 年版，第 834-877 页。

② 李鹏程、王柯平、周国平：《西方美学史》（第三卷），中国社会科学出版社 2008 年版，第 834-877 页。

点进行比较，例如：刘须明的《博克与罗斯金美学思想比较》［《淮阴师范学院学报》(哲学社会科学版)，2006年第28卷］。一些论文将罗斯金某部美学论著作为切入点，研究其艺术思想，例如：王发堂的《罗斯金的艺术思想研究——兼评〈建筑的七盏明灯〉》［《东南大学学报》(哲学社会科学版)，2009年第6期］。还有一些学位论文概括性地介绍了罗斯金美学思想的来源，如：刘立彬的《罗斯金美学思想研究——古典主义、浪漫主义宗教信仰影响下的罗斯金的美学思想》(中央美术学院，2004年)。笔者近年来发表了一些有关罗斯金美学思想宗教内涵、与其他艺术流派关系方面的论文，如：《罗斯金的“类型美”与人类终极关怀》(《学术界》，2015年第10期)、《罗斯金美学思想及其对唯美主义的启示》(《作家》，2015年第3期)。

总而言之，国内从宗教角度出发，真正洞悉罗斯金美学思想本质的专著或论文并不多。在罗斯金研究领域，很少有人静心研读《圣经》，通过理解基督教，进而探究其作品的宗教内涵，来理解其美学思想。这些因素都导致国内研究罗斯金美学思想宗教观念的书籍为数寥寥。但要理解和研究罗斯金这位活跃于基督教社会、深受宗教影响的学者，了解其宗教背景是一个基本前提和必备条件。

第一章
所处时代与多重身份

文化历史语境

在罗斯金所处的维多利亚时代，英国经济迅猛发展，由贵族精英与英国国教占绝对主导地位的社会发展模式逐渐过渡到重商主义盛行的经济发展模式，科学技术取得长足进步。英国迎来了历史上最为辉煌的大发展时代，通过扩张海外市场、剥削殖民地，聚敛了巨大财富，一度被称为“世界工厂”。然而，在这强大繁荣的表象下，社会问题却层出不穷，工人阶层甚至妇女儿童为了谋生都不得不在极其肮脏危险的环境中工作，贫富差距悬殊。多种社会思潮碰撞交错，人们精神层面出现了颇多不稳定因素。很多人逐渐对宗教信仰和传统道德价值产生了困惑与疑虑。罗斯金身处此境，心怀忧虑，相关思索体现在其作品之中。他的作品侧重于剖析、评述自然、社会以及人生价值等重大问题，长于说教，精于分析，工于描绘。整体来说，他试图在自然、艺术、宗教、人与社会之间构建一种和谐的关系。

此时，虽然人们依旧推崇基督教的伦理价值观念，但不少非基督教传统思潮亦此起彼伏。例如，查尔斯·达尔文（Charles Darwin）于

1859年出版《物种起源》，提出了生物进化论（evolutionary theory）。这一革命性理论对基督教的核心价值观造成了致命打击。传统基督教认为，创世之初上帝依自身形象造出人类。之后人类却在撒旦的诱惑下，违背上帝训令，偷吃禁果，永远被逐出伊甸园，一生都背负着原罪，并将这一“亚当的诅咒”（Adamite Curse）传给后世。针对这一必死命运，欧洲宗教改革时期的法国神学家约翰·加尔文曾提出某种得救可能——加深宗教信仰、完善道德修养，并努力工作，禁绝欲望，才有可能成为上帝的选民，重回天堂。而生物进化论则宣称物竞天择、适者生存，人类由猿进化而来，这是对整个基督教教义的颠覆。

此外，实用主义在这一时期也大行其道，宣扬任何事物的价值都必须经过实用功能的检验。在此影响下，很多人醉心物质享受，忽略了精神追求，将《圣经》等信仰和道德经典著作视为过时的迷信，并提出这些经典不具有实用价值。在这一思潮影响下，当时聚敛并掌控着主要社会财富的资本家们更加肆无忌惮地剥削劳动者，在道德上没有丝毫的顾虑。

不过，这一时代仍造就了一大批倡导基督教价值观的牧师、传教士、神学家和作家。譬如：查尔斯·格兰迪森·芬尼（Charles Grandison Finney：1792–1875）强调个人意志对最终获得上帝救赎所发挥的巨大作用，所谓“恩典的救恩因信而得”（Salvation by Grace Through Faith）。查尔斯·斯珀津（Charles Spurgeon：1834–1892）不遗余力地布道宣讲热爱上帝的重要性，反对任何功利性的神学思潮。乔治·穆勒（George Mueller：1805–1898）从头至尾阅读《圣经》两百多遍，指出相信上帝救赎人类的许诺会带来奇异恩典（amazing grace），而不相信会将自身推入万劫不复的痛苦深渊。戴德生（James Hudson Taylor：1832–1905）为英国基督教来华传教士，曾在中国生活51年。美国福音派传教士德怀特·穆迪（Dwight L. Moody：1837–1899）也曾指出，大多数人不追随任何道德模范，浑浑噩噩地生活，不做任何规划，也没有任何明确目标。这正是那个时代人类悲哀、绝望和痛苦的根源。他们应该树立一个理想的道德模范，并倾尽一生追随其完美品质，以获救赎。这一道德楷模就是耶稣。

总的说来，维多利亚时代的主流价值观建立在重道德观念的基督教教义和注重实际的功利主义思想之上。传统价值观念与科技进步、物质繁荣表象下的诸多新思潮不断冲突、碰撞着，整个社会体现出相当大的矛盾性、复杂性。一方面很多人在工业进步、生活富足、物欲横流的大背景下，迷失了方向，放弃了宗教信仰，沉迷于感官享受，更有甚者，有些人道德败坏，沦为个人欲望的奴隶；另一方面，还有很多人仍固守着基督教传统，克己自制、清心寡欲。

第一节　维多利亚时代的圣人

在维多利亚时代，涌现出一类创造性非小说类文学作品（creative nonfiction）——智者文学（Sage Writing）。在1953年出版的《维多利亚的圣人：论证中研究》（*The Victorian Sage*：*Studies in Argument*）一书中，约翰·霍洛韦（John Holloway）率先使用了这一术语，旨在重新发现某些维多利亚作家的价值。在霍洛韦所处的时代，这些人或由于冗长的写作风格，或由于略显枯燥的道德说教遭到某些现代派学者的批评。针对这种情况，他指出："我的意思并不是，维多利亚时代的'先知'文学是一座丰富的宝库，承载着被人们遗忘的远古智慧，不过实事求是地说，维多利亚时代的先知们确实值得我们充分尊重和关注。我们不能不屑于甚至忽视他们的价值。”霍洛韦论及的作家包括：托马斯·卡莱尔（Thomas Carlyle）、马修·阿诺德（Matthew Arnold）、约翰·罗斯金（John Ruskin）和美国的大卫·梭罗（Henry David Thoreau）。这些学者选用的视角各不相同，包括艺术、哲学、历史、政治、经济学等，但都针对当代社会问题对读者进行训教，或给予道德伦理上的指导。这些学者或思想家被称为“维多利亚时代的圣人”。

智者文学源于《圣经》中的智慧文学（wisdom literature）体裁。在希伯来文中，“智慧”一词写作 *Hokmah*，意为“通往成功的知识”（knowledge leading to success）。此处的成功是社会学意义上的，即生活中的成功，例如拥有美满的婚姻、幸福的家庭、知心的朋友、顺心的工作和丰富的闲暇时间等。换句话说，这是一种经营生活的智慧。智慧文学可进一步细分为三类：a. 沉思性（speculative）：探讨关于人生、命运等宏观哲学问题，提出终极追问，例如对《约伯记》（*Job*）中无辜者受难原因的探索，以及《传道书》（*Ecclesiastes*）中关于人生徒劳的无奈叹息；b. 说教性（didactic）：提供坦率、直接而清晰的教导，或给人指导性意见，例如《箴言》（*Proverbs*）中对于智慧的推崇和对人生幸福之路的指引；c. 庆祝性（celebratory）：庆祝或赞美新郎和新娘双方的美（beauty）、耶和华神迹的威严和雄伟（majesty）以及生活中其他重要方面，例如《雅歌》（*Song of Solomon*）。在《旧约》中，最典型的智慧文学作品就是《箴言》（The *Proverbs*）。《箴言》中的谚语/格言通过对比、对照、举例说明等多种手法，运用明喻（simile）、暗喻（metaphor）、寓言（allegory）、谜语（riddle）、格言警句（aphorism）等多种修辞传达本民族的智慧、生活的哲理、对人生意义的思索等。其中，格言警句短小、精炼，是《箴言》中最常见的语言形式。例如：第 10 章第 4 节：

“手懒的，要受贫穷；手勤的，却要富足。”①

可见，维多利亚时代涌现出的智慧文学体裁依旧传承着道德训教的重要功用，只不过在这一特定文化历史语境中，与希伯来早期文学不同，这一写作风格已然呈现出不同的形式和特征。在前者中，智慧文学体现了早期犹太人的生活智慧、道德伦理体系以及宗教信仰模式。而在维多利亚时代，上文提及的多位“圣人”选择不同视角，针对 19 世纪英国的社会发展、道德伦理形态、信仰体系危机等问题提出警示，并对未来发展做出预测。

以罗斯金为例，他始终关注人的宗教信仰和道德修养，而他的美学思想从来都不是脱离世俗伦理与道德体系的唯美主义主张，而是恰恰建立在后者的坚实基础上。他针砭时弊，从艺术的视角出发训导大众，提出了艺术的三大功能：强化人的宗教意识；完善人的伦理形态；给人以切实的帮助，使道德情操获得洗礼，精神追求得到提升。在《近代画家》第一卷第二版序言中，他将自己从事的具体工作分为以下三大类：首先，努力运用科学、精确的方法考察和整理大自然的种种实际存在。②其次，分析美和崇高的感情特性，详尽考察每一处风景的独特之处，尽最大能力将上帝赋予所有客观事物的永无止境、完美无缺、深不可测、无穷无尽的至美展现出来。③ 再次，追溯和挖掘上述一切对人脑与人心

---

① *Proverbs* 10：4. “A slack hand causes poverty，but the hand of the diligent makes rich.”

② Ruskin，John. *Modern Painters*. Vol. I. New York：Merrill & Baker，1897，p. xlv. “In the first，I shall endeavor to investigate and arrange the facts of nature with scientific accuracy；……”

③ Ruskin，John. *Modern Painters*. Vol. I. New York：Merrill & Baker，1897，p. xlv. “I shall proceed，in the second portion of the work，to analyze and demonstrate the nature of the emotions of the Beautiful and Sublime；to examine the particular characters of every kind of scenery，and to bring to light，as far as may be in my power，that faultless，ceaseless，inconceivable，inexhaustible loveliness，which God has stamped upon all things，if man will only receive them as He gives them.”

的影响，表明艺术的道德功用和目的，证明艺术在人思想中占据的位置及其对人类生命的重要影响，以此赋予艺术家传道者的身份，并在大众心中激发一种热爱艺术的品质。① 由这三个逐层深入的任务，可以看出，罗斯金著书立说的目的就是将审美欣赏与宗教感知联系起来，强调审美体验的作用在于提升人们的宗教信仰和道德修养。而他的很多著作也体现出他作为道德先知，进行传道的自律与自觉。

罗斯金的圣人身份与他作为虔诚福音派信徒的身份紧密地结合在一起。作为维多利亚时代一个典型的圣人，罗斯金有着极强的敏感度，同时也敢于阐释看似十分琐碎的事。面对任何一个当时的社会现象或事件，以他为代表的圣人们似乎都能找到一种直接的方式，领悟其背后蕴含的重大问题。例如，在后期转向社会评论之后，罗斯金逐渐关注英格兰盲目拜金、追逐利润的社会风气对人类个体的残害。他透过艺术的视角，超越美学范畴，剖析一个国家的环境是否能为普通民众提供体面的温饱生活，一个民族的文化发展是否健康，其道德风尚是否有利于人类身心的发展。

① Ruskin, John. *Modern Painters*. Vol. I. New York: Merrill & Baker, 1897, p. xlv. "Finally, I shall endeavor to trace the operation of all this on the hearts and minds of men; to exhibit the moral function and end of art, to prove the share which it ought to have in the thoughts, and influence on the lives of all of us; to attach to the artist the responsibility of a preacher, and to kindle in the general mind that regard which such an office must demand."

第二节　矛盾的福音派信徒

罗斯金的每一部作品都渗透着深厚的宗教思想。他在艺术剖析和美学评论方面所取得的巨大成就也都源于他对宗教信仰和传统道德规范的推崇。因此，只有了解其宗教信仰和宗教观念，并在美学范畴内发掘他表达这种观念的不同方式，才能充分理解其美学思想。此外，考虑到他所处的维多利亚时代社会历史背景，宗教信仰变化也是正确理解其美学思想的前提条件和根本保证。

在信仰生活中，罗斯金是一个不断变化的矛盾体。一方面，他的宗教信仰根深蒂固，渗透到思想的各个角落。早在他出生前，母亲就决定模仿《旧约·撒母耳记》里的女人哈拿，将儿子“奉献给上帝”,[①] 使其“终身归于耶和华”,[②] 而且很早就严格要求他养成了每日诵读《圣经》的习惯。读者在阅读其作品时，会时刻感受到一种宗教性上帝的影子，一种超自然的存在。但后来，由于积极接触了达尔文的生物进化论、理性主义等近代思潮，他的信仰根基被深深撼动了，业已形成的世界观、宗教观体系几近倒塌。此时，他像被剥离了精神家园一样无助，很清楚地认识到此前自己笃信的福音派信仰存在漏洞，并坚决将之摒弃。但同时他似乎又无法寻到新的信仰寄托，因此惶惑不安。在痛苦折磨十几年后，他又重拾了基督教信仰，心灵上仿佛随之又寻回了一种宁

① Ruskin, John. *Praeterita*. Oxford & New York: Oxford University Press, 1949, p. 15. “My mother had, as she afterwards told me, solemnly “devoted me to God” before I was born; in imitation of Hannah.”

② Also see 1 *Samuel* 1: 28 in *The New Oxford Annotated Bible with Apocrypha: New Revised Standard Version*. New York: Oxford University Press, 2010, p. 401.

静。但是，这种信仰已经不是从前的福音派信仰。到了晚年，他深陷基督教宣扬的“原罪”“恶魔撒旦的存在”等观点中无法自拔，甚至出现了间歇性精神病症状。可以说，终其一生他都对神性的存在念念不忘。只是这一存在并不一定是指基督教的上帝耶和华，更多时候是泛指宇宙中一种主宰万物的超自然力量。

他本人也曾明确指出，想要准确解读其著作，一个根本前提就是要理解他那种个人色彩浓厚的宗教信仰。在自传中他提出，任何读者若想领会《近代画家》和其他著作，都“必须细致、明确地区分上帝的特征和为大家普遍接受的基督教教义”。[①] 在《近代画家》第二卷第一章中，他也强调：“人的作用是见证上帝的荣耀，并在理性的服从与随之而来的愉悦中升华对上帝的赞美崇拜之情。”[②] 他坚信，只有人类才会热爱上帝、遵循神性的照耀和指引，并最终使自身灵魂臻于完善。如果丧失了这种能力，那人就与动物无异。因此，应该倡导人与上帝之间的私密关系，并将其作为人类一切活动的源泉。

他的写作风格、措辞习惯与作品中俯拾皆是的宗教典故都进一步说明，我们有理由、也必须从宗教观念的变化出发研究其美学思想的内在逻辑发展。从《近代画家》、《建筑的七盏明灯》、《威尼斯的石头》、《艺术演讲》(*Lectures on Art*)、《给未来者言》(*Unto the Last*)、《给英国工人的信》(*Fors Clavigera*，或译为《命运，持棒者》)、《两条路》(*The Two Paths*)、《时代与潮流》(*Time and Tide*)等作品中，我们均可看到，他引用《圣经》典故都信手拈来、恰到好处。在其作品中看似很自然的一种措辞、一个短语，若细究起来都源于《圣经》，例如：“上帝的荣

① Ruskin, John. *Praeterita*. Oxford & New York: Oxford University Press, 1949, p. 57.

② Ruskin, John. *Modern Painters*. Vol. II. New York: Merrill & Baker, 1897, p. 4.

耀”“七盏明灯”“他”等用语。[①] 他还在世时，就已经有学者将其作品中的《圣经》典故编辑成一部长达 300 多页的书籍。[②] 实际上，这也进一步证明，这位维多利亚时代的圣人忠实秉承了希伯来智慧文学的创作意旨——深化当时人们的宗教信仰与道德修养，对未来的社会生活提出建议与警示。

第三节　浪漫主义思潮的诠释者

除了如影随形的宗教观念之外，还有其他因素对罗斯金的美学思想体系发挥作用，譬如：古典主义、浪漫主义思潮等等。在理解其美学思想时，宗教观念是基础和前提，但也不能忽视其他思潮和传统的不同影响。浪漫主义思潮是 18 世纪末至 19 世纪初流行于欧洲的资产阶级文艺思潮。这一思潮植根于德国的狂飙突进运动，又从如火如荼的法国大革命中汲取了精神养料。它强调个人热烈真挚的直觉与情感是审美体验的真正来源，侧重观照大自然中美与崇高意象时收获的惊惧、敬畏、赞叹等情绪，并强调自发、自然和即兴的情绪迸发。在英国，浪漫主义思潮的最高成就出现于文学领域，诗人华兹华斯（Wordsworth）、柯勒律治（Coleridge）、雪莱（Shelley）、拜伦（Byron）纷纷写出惊世诗篇，并专门研究了诗歌创作理论。

罗斯金美学思想中的“活力美”“崇高”“建筑的生命之灯”等观

---

① 在罗斯金的作品中，常用大写的 He 来代表上帝、造物主。不过，这一点在汉字中显示不出来。

② Gibbs, Mary & Ellen. *The Bible References of John Ruskin* (1898). New York: Kessinger Publishing, 2008.

点都表明他继承了浪漫主义的衣钵。他对于自然界中美与崇高物象那极为敏感细致的观察，也在积极回应华兹华斯对审美真实原则的强调。在《近代画家》第三卷中，他指出绘画和诗歌皆是表达的手段（methods of expression）。艺术的主旨就在于个人情感的表达，“伟大艺术的创造者皆是能够表达热烈和高尚情感的人”。在此基础之上他提出的真诚（sincerity）、热烈（intensity）和原创性（originality）原则，也精准地解读了华兹华斯对诗歌的定义——“强烈感情的自然流露”。他对于心灵主体性、自发创造性、自主生命力与情感共鸣的关注，对于想象力不同类型与作用的深入划分，在建筑美学中对“生命”原则的推崇，对于体现这一原则的哥特式建筑的仔细研究，皆回应了浪漫主义时期盛行的表现说。他所谓“类型美”范畴中的“整体性”范式也让人很自然地联想到柯勒律治曾借用“自然生长的植物”这一比喻阐述有机论创作理论（the organic theory）。而且，更具有个人特色的是，罗斯金还将自己福音派信仰中对于亲身热烈宗教体验的强调与自然迸发的浪漫主义审美体验紧密结合起来。例如，在谈到积雨云时，他从游历阿尔卑斯山的个人经验出发，仔细描绘了云朵的形成过程，以及运动方向，十分写实。①

通过自己身体力行对自然界美的性相的仔细观察，他建议年轻的艺术家和初学者，用自己的双眼去看、去感受客观世界，去感悟自然界中的美。他在《近代画家》第三卷为英国画家特纳辩护时，指出其作品忠实地再现了自然界中的美的性相。他认为，在常规性、惯例化、过于概括的传统法则限制下，艺术家的头脑会懒于韵思，无法真正用自己的眼睛观察、模仿自然界中的美。这些传统法则是人类制定出来的，但是自然界的美则是人无法用机械、程式化的方式再现的。因此，他敦促年轻

① Ruskin, John. *Modern Painters*. Vol. III. New York: Merrill & Baker, 1897, p. 395.

的艺术家清晰敏锐地观察他们之前从未意识到或注意过的自然现象。之后，更为可贵的是，他还将自己的个人体验传递给读者，邀请观者进入他本人的内心世界，暂时“借用”他自己的眼睛，欣赏和品味他用最为细腻优雅的语言描绘出的一幅语言文化画卷。这幅画卷的源头皆是外部自然中有数不清的美丽现象和场景，感觉迟钝的人甚至根本不知道这种美的存在。可见，罗斯金身上所体现的浪漫主义色彩主要在于主观情绪的抒发和表达。这是一种自发、自然的对外部世界美之性相的最真实、最热烈的回应。优秀的艺术作品应该充盈着这种热烈、真实和具有个人特色的情感，而不是拘泥于既定法则、充斥着各种公式的机械堆叠。

第四节　古典主义思潮的传承人

罗斯金十分重视法则的作用。他发扬并重新诠释了古典主义与新古典主义思潮中的某些主张。

古希腊哲学家柏拉图在《理想国》中划分了三个不同的世界。在这三个世界中，最为根本、最真实和最完美的是理式的世界（the world of idea/form），由代表每件事物的唯一理式构成。而第二个世界则是基于理式世界的现实世界（the real world），即物质世界。每个理式所对应的物体不计其数，例如在桌子的理式下，包括无数个不同大小、形状、用途、颜色的桌子，无法穷尽。它们都由桌子的唯一理式衍生而来，但都同样无法穷极桌子的理式，都同样不完美。第三个世界是艺术家们根据不完美的现实世界创造出来的艺术世界（the world of art），距离完美的理念（理式）世界更加遥远，因此更不完美。

在《近代画家》第三卷中，罗斯金曾使用的两个概念——“理想艺术”和“非理想艺术”，正是基于柏拉图的这种划分。他并未评判这两种艺术孰优孰劣，而是指出，“理想艺术”（或称理念的艺术：ideal art）再现的并非物质客体（a material object），而是人们对于某件艺术作品的心理感知（mental perception of a material object）、心理活动，即再现的是某一理念（represents an idea），是他们运用想象力的结果。“非理想的艺术”作品（unideal art）则再现了实际存在的客观事物，其优劣取决于是否真实再现了现实世界中的事物。

自中世纪以来，尤其是文艺复兴以后，随着人们对古希腊、古罗马艺术创作的重新关注与研究，艺术家（主要指画家）的主体地位得到逐渐认可。他们与诗人一样，从事的绝不仅是一种简单的技艺、手艺，而是一种充满创造性的自由艺术。这种艺术要求创作者具备某种特殊的心智技能。18世纪中叶出现的新古典主义思潮旨在从古希腊、古罗马的“古典”艺术与文化元素中汲取灵感，重新阐发古典主义精神。这一思潮最终席卷整个欧洲，与启蒙运动紧密融合。代表人物约翰·约阿希姆·温克尔曼（Johann Joachim Winckelmann：1717－1768）对古希腊艺术的评价深入人心——“高贵的单纯与静谧的伟大”。他认为，在古希腊艺术中，自然世界得到了最美的呈现。另外，超自然的、生发于人头脑的美的理式/理念也得到了阐释。很显然，这种理式依旧来源于柏拉图所谓唯一真实的理式世界（the world of ideas/forms）。新古典主义思潮强调模仿古典著作，提出美在于秩序、比例、对称、“多样性统一”等，强调绘画艺术与诗歌的关系，注重艺术对自然的真实反映。与此颇为一致，在《近代画家》第二卷中罗斯金提出了“类型美”的六种范式。其中，“无限”、“统一”、“对称”和“适度”这四个范式都明显地带有新古典主义思潮的烙印。只不过，罗斯金并非单纯的老调重弹。他对“古典主义”的重新阐释也体现了自身强烈的福音派宗教信仰以及对道德修养的侧重。

第五节　坚定的卫道士与唯美主义运动的导师

如前所述，罗斯金十分强调“道德感知”对于认识自然美和艺术美的重要性，反过来又指出“艺术应履行道德教导功能”，寓教于乐。艺术凝聚了从古至今人类的智慧、爱与真理，通过视觉呈现、文字舞动、音乐创作等诸多模式，引起人类的情感共鸣，洗礼其精神世界，提高其道德修养，完善整个社会的伦理形态。他认为，这种“道德知觉”之所以能给人以满足，是因为它符合了人类追求纯洁、完满的天性。同时，他根深蒂固的宗教信仰仍在发挥作用，认为艺术创作应与宗教信仰一道，成为解决社会问题的可能渠道。因此艺术家同时也应是“传教士”（preacher），积极引导人的精神信仰和道德生活。西方学者在评论罗斯金时，就常使用“先知”（prophet）[①] 和热情的道德主义者（passionate moralist）[②] 两个标签。

在罗斯金创作《近代美学》时，有种观点颇为盛行，认为美应与道德剥离开来，艺术亦与道德无涉。美学作为一门独立的学科，非他物附庸。这一观点可追溯到1735年，德国哲学家亚历山大·鲍姆嘉通（Alexander Baumgarten）指出，美的研究应只关注于感知对象，“美学”一词来源于希腊语 *Αισθητική*，最初含义只是“感观/知觉”（sensibility）或是对感官刺激反应（responsiveness to stimulation of the senses），因此美学是一门只关涉感官愉悦的独立学科（*Aesthetica est scientiacognitionis sen-*

① Quennel, Peter. *John Ruskin, Portrait of a Prophet*. London: Collins, 1949, p. 23.

② Abse, Joan. *John Ruskin: The Passionate Moralist*. London: Quartet, 1980, p. iv.

sitivae),[①] 只关注人对客体外在性质的感官知觉，不需涉及任何深层的关于人类社会的终极关怀。

唯美主义思潮继承了这一观点，于19世纪末蔓延欧洲，略晚于罗斯金生活的年代，主要活动中心为法国。它与当时中产阶级对艺术的实用或道德价值的普遍推崇分庭抗礼，倡导艺术应带来高雅的感官愉悦(refined sensual pleasure)，无需传达或迎合任何外在讯息。唯美主义者否认艺术的道德训教或实用指导价值，强调艺术是自给自足的主体，本身即具有充足的存在价值，并提出了著名的“为艺术而艺术”(art for art's sake)的口号。根据这种观点，美被视为艺术的最根本元素，就连生活本身也要模仿艺术。而自然与艺术相比，也是粗糙简陋、毫无美感。根据这一说法，艺术或美与道德性更毫不相容。

上述观点自然激起了罗斯金的极大愤慨。首先，他继承了古典主义美学、新柏拉图主义的衣钵，认为美（自然美）源自上帝的神性特质，是一种形而上的超验存在，尘世民众无法触及。在鉴赏这种美时，人自身源自上帝的神性，即道德精神，被唤醒，并由此收获美感和愉悦。这绝非肉身感官的一时兴起，也不涉及运用才智的仔细研磨，而是源自自身神性与万物类型美的灵感式对应与碰撞。在艺术创作中，人亦可凭借自身的部分神性模仿类型美。因此对于罗斯金来说，唯美主义强调的艺术非道德性完全忽视了人的部分神性，将其仅视为动物般的感官存在，将美和艺术鉴赏降级为不健全（甚至有时是病态）的纯娱乐活动和感官享受。其次，他虽然十分强调上帝的作用，但也热情洋溢地弘扬人类的

① Baumgarten, Alexander Gottlieb. *A History of Aesthetic*. London, S. Sonnenschein & Co.; New York, Macmillan & Co, 1892, pp. 182-183. In English, it means "aesthetics should be a separate, independent concern dealing only with pleasures of perception."

主体作用。这里体现了他对浪漫主义的响应。艺术创作过程绝非简单的被动感官接受，而是凝聚着热烈主观的情感与偾张的生命力，必然涉及道德感知运用的复杂改造过程。虽然不尽完美，但这种生命力的绽放和道德修养的升华正是推动人自身的神性得以彰显的过程。因此，唯美主义的非道德性实际上剥夺了人向善、向美、向真的权利，在罗斯金看来是极不道德的。

不过，身为卫道士的罗斯金与唯美主义运动也并非水火不容，仔细研究后发现二者竟然存在某些一致之处。而且，他对于唯美主义两位代表人物沃尔特·佩特（Walter Pater）和奥斯卡·王尔德的（Oscar Wilde）都曾产生过深刻影响，例如：他对“美即有用”的批判、对艺术审美、鉴赏与创作活动“无关利害”的强调，以及对人类主体作用的推崇在唯美主义运动中都可以找到痕迹。

罗斯金指出，当时在中产阶级中大行其道的艺术实用性观点将无关利害的审美凝照贬降为个人私利的追逐，“混淆了钦羡与饥渴、热爱与欲望、奕奕的生命力与一时的感官刺激”（It is to confound admiration with hunger，love with lust，and life with sensation），将人类贬降为没有任何思想、没有喜怒哀乐、终日只追逐自身欲望与利益的生物。这很明显歪曲了人作为上帝造物的神圣作用。罗斯金认为，人分享了部分神性，理应通过提高宗教和道德修养见证上帝的荣耀。这种艺术非功利的观点引起了唯美主义者的强烈共鸣。他们同样强调艺术的自主自在，坚决否认美掺杂任何实用目的。不过，罗斯金的主要出发点是宗教和道德维度，而唯美主义则是强调艺术自身的主体性。

对罗斯金而言，无论是对类型美的凝神观照，还是体现活力美的艺术创作，都要求人怀有纯粹的审美态度。这是不需要直接或明确运用理智的过程。作为呈现在人脑中的最高尚观念，美能升华人心，使之臻于纯粹。换句话说，人们从客体中收获的美感应该就源于客体本身。只有以完全纯粹的态度，彻底摒弃私心杂念，无关利害地凝神观照客体，才有可能收获不掺杂任何功利目的的愉悦和美感。这种审美态度不同于以实证研究为目的的科学态度，更不同于以物质利益为目的的功利态度。在这方面，唯美主义同样强调艺术价值不假他求，美不涉及任何外在的实用目的，可谓继承了罗斯金的衣钵。

在论述活力美这一范畴时，罗斯金指出，人在观照“崇高”客体时，心灵会产生震撼，做出积极热烈的情绪回应。在这种审美体验中，人的主体作用颇为重要。而在《建筑的七盏明灯》中，他又通过“生命明灯”解读了创作者的主观心绪和创造力对艺术作品的意义，抨击了资本主义社会中盲目追逐利润的原始资本积累过程。在这样一个畸形的社会，人被异化，沦为物质的奴隶。劳动者的创造力和想象力趋于干涸，创作生命凋零，艺术和美遭到了反人道的破坏。他作为上帝造物的尊严和天性也被击得粉碎。针对于此，罗斯金愤慨地指出，人虽能力有限，远非完美，但他源自上帝的些微神性仍值得尊重、保护和发扬。但只有在有利的社会大环境中，他才有可能充分履行自身职能，实现自我价值，而不至于沦为无思想、无追求的机器。在艺术创作领域，创作者/艺术家也只有在利于创作的环境中，才有可能充分迸发灵感，发挥想象力和创意，创作出映射自然神性、体现自身道德追求的纯青之作，并在此过程中燃烧创作生命。这一主张对唯美主义代表人物沃尔特·佩特产生了重要影响。在《文艺复兴》一书中，佩特强调美既是完美印象的统一（即感官愉悦），更是“真理的凝炼”，艺术作品凝结着瞬间的热烈与真诚。在这瞬间的主观情绪迸发背后，传达出神性的暗远悠长。可见，佩特将唯美主义侧重的感官享受与罗斯金强调的主观情绪反应结合起来。此外，他也无情地批判了近代自然科学将人类生命视为机械的纯生理化学过程这一观点，认为现代社会的人完全丧失了主体性和存在的意义。从这里也可以体现罗斯金的巨大影响。

第六节　社会批评家

随着时间的流逝，罗斯金不再只满足于观照鉴赏美和艺术，也不只侧重艺术创作实践，并且逐渐超越了模仿、真实、构图、美、崇高、如画、色彩、光影、线条、形式和风格等艺术范畴。虽然他并未如母亲所愿，成为福音派牧师，但始终怀有一种忧患意识，敏锐地发现并抨击当时的种种社会问题，表达了对人类的深切终极关怀。如上所述，当时工业革命和机械大生产给英国带来了商业与经济上的巨大成功，使其迅速建立了无可匹敌的全球军事霸权地位。此时作为社会评论家的他，尖锐地指出在这看似繁荣的表象背后，实际上埋藏着极为罪恶的种子。他始终秉承着福音派信仰中对《圣经》文本章节进行文本细读的精神，同时充分利用自幼就已经形成的尖锐敏感的观察力和客观冷静超然的判断力，多次将被称为“黑暗时代”的中世纪与经济社会空前繁荣的维多利亚时代相对比，指出后者才是黑暗的艺术与文化干涸期。他已经习惯了从每一个可视可触可感知的社会现象中，抽离出严肃的道德、社会或政治价值。

罗斯金的同时代人卡尔·马克思（Karl Marx）在《资本论》第一卷中从剩余价值（surplus value）出发，一针见血地指出资本主义的本质——“资本来到世间，从头到脚，每个毛孔都滴着血和肮脏的东西。”① 相比之下，罗斯金的政治经济学更散发着对人类个体存在的终极关怀。他正是通过这种终极关怀不断践行着自己强调的艺术必须具备道德和社会功用的主张，也充分传达了艺术家须有救万民于水火之情怀的训教。和马克思相同，他也指出，现代工业社会中人与人、人与社会、人与艺术、人与自然的关系发生了异化，人在肉体、精神和心理方面都遭受着非人的对待。在名为《艺术的政治经济》(*The Political Economy of Art*) 的演讲集中，他尖锐地抨击了资本主义社会严重贫富分化下“朱门酒肉臭，路有冻死骨”的残酷场景。此时的他似乎在谱写一曲雄浑的人类生命赞歌。他指出，衡量某物价值的唯一标准就是它是否能够滋养人的生命，是否能够为有生命的活生生事物创造有利的生存环境。而世间万物也应该相互一致、相互促进、相互帮助。这种和谐、和平的思想似乎与中国古代儒家思想的“和为贵”主张不谋而合。他认为政府的有效管理、相互帮助与合作彰显了生命的光芒，而无政府主义、竞争和贫富差距则引向无边的黑暗与死亡。由此他指出，当时维多利亚社会中掌握政治经济大权的富裕上层阶级对金钱的顶礼膜拜和不顾他人死活盲目追逐利益的行为根本不是出于对财富的真正热爱。因为，这种真正的热爱应该是一种博爱式的希望，一种消除贫穷、失业、不公的希望，一种根除人吃人制度的希望。由此，他猛烈地抨击上层阶级根本没有担负起应尽的社会责任。对于政府放任自流的 (laissez-faire) 自由主义经济政策 (liberalism)，他也大加贬斥，认为这种听之任之，放手让市场发挥作用的做法只能导致死亡，希望能有一个强有力的政府介入和监

① Mark, Karl. *Capital*. Online Version: Marx/Engels Internet Archive (Marxists. org) 1995, 1999. p. 482. “Capital comes dripping from head to foot, from every pore, with blood and dirt.”

管，以缩减贫富差距，消除激烈的竞争，使社会回归合作与和谐。自此之后的资本主义发展变迁模式，即危机、萧条、复苏和高涨的经济危机过程恰恰证明了罗斯金主张的正确性。他的主张不仅停留在战略层面。在战术方面，他提出政府应该照顾年老的人、贫困的人，还应该建设工厂，帮助失业的人们重获谋生的手段。而这些工厂必须制定出一些严格的英国制造业准则，还要确保所有经济层面上的人们都能获得纯粹不掺杂质的食物和其他生活必需品。另外，罗斯金并未简单地停留在物质生活水平层面。他指出，穷人受到富人的最残酷对待并不仅仅停留在表面的薪资剥削和非人的工作环境，更重要的是后者在前者的奴役下苦苦挣扎，心理和精神方面都被紧紧禁锢着。他说："为富不仁的那些人掌握着巨大的社会财富，穷苦人却吃不饱、穿不暖。不仅如此，前者完全不希望后者拥有智慧、美德，更不希望他们拥有救赎的希望。"如此，他从政治经济学视角返回了自己一直强调的道德和宗教视角。

根据他这种划分等级，合作性的社会视野，所有人都要工作，都需要从事体力劳动。而薪资的规定则应该与所涉职业相关联，约定俗成，而不应遵循任何供求法则。国家（而不是个人）应该拥有自然资源。政府应该担负起教育的责任。这一点至关重要，只有如此才能创造出真正的社会财富。

小　结

除了以上思想来源之外，罗斯金美学思想的根源依旧是他的宗教信仰，以及他在宗教观念基础上形成的认识世界和自然、分析艺术与美的方式。如上所述，他十分强调艺术作品中“艺术家主观情感”的重要性。这就源自福音派信仰对个人宗教体验的推崇。类型美、崇高与宗教性敬畏等观点也都可以从他的宗教观念中寻到源头。他对自然美、建筑与绘画中艺术美“细节”的关注，也源自福音派所特有的细读《圣经》的方式。不过，由于宗教信仰的波动，他的美学思想并非一个完整连贯、始终如一的理论体系，有些部分甚至出现了前后截然相反的现象。他的“崇高说”以及关于“美”是否取决于人的联想等看法，就曾多次反复变化。而造成其思想前后矛盾的根本原因，就是其起伏变化的宗教信仰。因此，要研究这样一位生活于基督教传统之内、投身于基督教社会之中的人物美学思想的发展变化，我们绝不能、也无法忽略其深层宗教观念，因此下一章将从其宗教信仰的流变开始论述。

第二章
宗教信仰流变

罗斯金宗教信仰对其美学思想的影响不可估量。本章将探讨他在不同时期的宗教信仰与变化历程，同时考察影响其性格和思想变化的其他重大生平事件。

罗斯金宗教信仰的变化历程大致可分为四个阶段。第一个阶段：从早年到 1848 年，在父母的深刻影响下，他接受着福音派信仰。尽管他时而情绪郁积不快，时而忧心忡忡，时而怀疑困惑。第二个阶段：在 1848 年到 1858 年的十年中，他对这种信仰感到越来越困惑。这种疑虑最终在 1858 年达到顶峰，导致他最终决定放弃福音派信仰。第三个阶段：在此后的十七年中，他依然感到困惑不解，对上帝的存在既无法肯定，又不能完全否定，认为人类无法掌握这一终极知识。在这种挣扎与迷茫中，他时常表现出一种痛苦的不可知（agnostic）情绪。第四个阶段：1875 年之后，他的心胸逐渐开阔，不再纠结于原罪、来世、救赎等观念，最终寻回了一种极富个人色彩的基督教信仰。

需要注意的是，尽管在一生中罗斯金的宗教信仰发生了多次摇摆与变动，但一种强烈的宗教观念和敏感的宗教意识却始终如影随形，渗透于他的日常生活、他对自然与美的观照、他从事写作与艺术创作的每个细节等。这种观念并非指某一具体而明确的宗教信仰，而是指他在观照与体悟客观世界和艺术作品时，始终考虑着的一种宗教性上帝的存在。他时而将这种存在奉为世间万物、美的形式以及人类生命的本源，时而在对这种本源的信仰和怀疑中踌躇、徘徊。这种宗教性的超自然存在并不一定是指基督教的上帝，更多时候只是指一种超自然的神性存在，代表的是一种不可知的力量，无所不在、无所不包、无所不能。尽管当时在日新月异的科学技术和多种现代思潮（例如，工业革命、马克思主义、达尔文进化论等）的影响下，在近二十年的时间里，罗斯金对自己的福音派宗教信仰一直持怀疑态度，甚至曾将之摒弃，但这种宗教观念始终都在发挥作用。他从未停止过对上帝存在的思索。这种信念与怀疑相纠结的矛盾情绪充分体现在其作品中。

下面将其宗教信仰分为三个阶段（将上述四个阶段中罗斯金产生怀疑和摒弃信仰的阶段合二为一），抽离出他在不同阶段的思想变化，并以此为基础论述其在不同阶段的美学主张。

第一节　早期：深受父母影响的福音派信徒

罗斯金作为家中独子，从小就受到父母宗教信仰的耳濡目染，其中母亲玛格丽特对其影响尤为深刻。我们在引言部分已经提到，身为清教徒的玛格丽特将所有玩乐都视为罪恶，不允许儿子拥有任何玩伴或玩具，将他奉献给上帝（devoting him to God），希望他成为一名神职人员。[①] 于是，她采取了使儿子更适合"教会"职业生涯的教育方式，孜孜不倦地对他灌输了一种严苛、冷酷的圣公会福音派信仰（Evangelical Anglicanism）。她每周日都坚持带罗斯金去教堂。这一惯例剥夺了罗斯金儿时的快乐，在他幼小的心灵中引发了巨大的恐惧感。每个周日的早晨，他不得不"坐在最末排的教堂长椅上"，在那个"极其无聊"的地方，"保持安静。[②] 他将自己常去的这座福音派教堂称为一个"丑陋的、椭圆形平顶谷仓"（oblong，flat-ceiled barn）。[③] 在日常生活中，母亲每天都带着他一起阅读《圣经》，[④] 甚至要求他把《创世纪》第一章到

---

① Ruskin，John. *Praeterita*：*The Autobiography of John Ruskin*. Oxford & New York：Oxford University Press，1949，p. 5.

② Ruskin，John. *Praeterita*：*The Autobiography of John Ruskin*. Oxford & New York：Oxford University Press，1949，p. 16.

③ Ruskin，John. *Praeterita*：*The Autobiography of John Ruskin*. Oxford & New York：Oxford University Press，1949，p. 121.

④ Ruskin，John. *Praeterita*：*The Autobiography of John Ruskin*. Oxford & New York：Oxford University Press，1949，p. 5.

《启示录》最末一节的全部文本一字不差都背诵出来。[①] 就连过三岁生日的前一天，母亲还在要求他诵读《诗篇》(*Psalms*) 第 119 章中有关上帝律法的内容。在后来长大成人后，即使是在遭遇信仰危机时，他这种每天诵读《圣经》的习惯也从未中断过。这种阅读基督教经典的习惯成了“他所受教育中最为重要、最必不可少的一部分”，“树立了他生命中的灵魂”。

在自传《普雷特利塔》第七章中，罗斯金说道：“毫无疑问，母亲对《圣经》字面意义的无条件遵从充分体现了她的福音派信念。从我刚具备想象和思考能力时起，这种信念就在我面前展现了一个不可见的世界。我很早就开始运用分析能力，思索良心、自由意志和责任等问题。这些问题在天真无邪的年代似乎并不难确定，但在成年之后，由于受一些僵化观点的影响，或是为外部世界的诸多罪行所玷污，心智逐渐麻木，看待这些问题时往往带有偏见。星期日的诸多限制、约翰·班扬在《天路历程》中的训教、圣战以及弗朗西斯·夸里斯的《象征》带给我的是忧郁，乃至恐惧。它们占据了我七分之一的时间，压迫着我，对我来说毫无用处，只能徒增苦恼。可是我又不得不忍受这种苦恼。普通家庭生活中那种平常的喜悦和宁静才是我的解脱。那种生活满满都是愉悦、完满与和平。”[②]

可见，母亲的宗教信仰和福音派教育方式对罗斯金的成长产生极其重要甚至相互矛盾的影响。罗斯金在审视自身信仰时，怀着颇为复杂的心情。一方面他认识到这种信仰较为积极的影响，可以分为以下几点。

---

① Ruskin, John. *Praeterita*: *The Autobiography of John Ruskin*. Oxford & New York: Oxford University Press, 1949, p. 5.

② Ruskin, John. *Praeterita*: *The Autobiography of John Ruskin*. Oxford & New York: Oxford University Press, 1949, pp. 117-118.

第一，在母亲浓厚信仰的耳濡目染下，罗斯金领悟了服从与信仰的真谛。[①] 第二，在无法摆脱的福音派信仰影响下，他从《圣经》中感受上帝。而后，在面对自然世界中种种美的性相时，他又从中发现并验证着上帝的存在（虽然早期他的这种活动可能是无意识的）。可以说，《圣经》和自然在罗斯金面前展现出了两个不同的世界。前者记录了上帝的言语，而后者（根据福音派信仰）则是关于上帝造物在尘世中的真实存在。在诵读上帝的言语之后再凝神观照上帝的造物——这就是他幼小心灵理解自然、理解世界的方式。在成年之后，他也曾指出自己对自然的仔细观察和描写是为了证实上帝的存在，并自诩为上帝的“阐释者”（interpreter）。第三，他的写作习惯受到了《圣经》写作文体的极大影响。他从小就用福音派信仰特有的方式细读《圣经》，一方面在他的几乎所有作品中，引自《圣经》的诗句随处可见。而且，他本人的写作风格也深受这一经典语言的影响。《圣经》叙述的是上帝的存在，而罗斯金在其著作中则赞扬了上帝的造物自然所呈现的种种美的形式和真的性相，并对艺术在模仿自然形式时应达到的真、美以及道德上善的追求提出了要求。尽管他在中年时期，对《圣经》的可靠性和真实性产生了怀疑，但作为一部文学作品，那种诗意的表达方式还是一直影响着他的作品。第四，福音派信仰对于细节的关注也极大地影响了罗斯金看待自然的方式，使他形成了“运用双目和头脑集中注意力观察事物的习惯”。[②] 在童年时代，罗斯金基本上没有什么玩伴或玩具，所有官能与天赋都集中于对外部自然细致入微的观察和对无生命客体的凝照之中。前文提到

---

① Ruskin, John. *Praeterita: The Autobiography of John Ruskin*. Oxford & New York: Oxford University Press, 1949, pp. 34.

② Ruskin, John. *Praeterita: The Autobiography of John Ruskin*. Oxford & New York: Oxford University Press, 1949, p. 34.

的“当代罗斯金研究之父”约翰·罗森伯格在《暗化的玻璃》一书中曾经说过：“［罗斯金的］母亲是一位严厉的苏格兰清教徒，不允许罗斯金和任何玩伴玩耍，也不允许他有任何玩具。因此在孩提时代，他是在安静而漫长的孤独中度过的，唯一亮点就是他对外部世界的观察，以及在此过程中表现出的巧思与独创力。”① 成年之后，他继续采用这种观察方式观照、鉴赏自然界和艺术作品中的美。

另一方面，罗斯金也认识到这种福音派信仰较为消极的影响，但这种影响对他的世界观、人生观以及美学思想变化也发挥着至关重要的作用，不容忽视。自最初的想象力和思考能力形成时起，罗斯金就发现自己被紧紧包裹在浓厚的福音派氛围中。在很小的时候他就已经知道，在此尘世中，与有限救赎的甜美承诺并存的是绝大多数人都注定要下地狱的恐惧。对于罗斯金来说，后者的影响显然无法摆脱。由于源自亚当和夏娃的原罪，所有人都要面对死亡，绝大多数人都会遭到诅咒和天谴，在地狱中承受永无止境的惩罚。整个世界都处于一位惩罚性上帝的严密注视之下。这位神无所不在，仁慈但又异常严苛，只允许极少数人逃脱地狱的苦难和恐惧，重回伊甸园。童年时期的罗斯金每天都在这类思绪的潜移默化中度过。当时，年幼的他虽然还没有完全领悟生存的意义，但却已经知道了自己注定会死亡；还没有完全了解人性的腐坏与堕落，就已经知道，由于原罪，自己和所有人一样堕落，本性邪恶。不过，尽管对人性的堕落感到苦恼、悲观和绝望，他还是努力寻求着可能的路径，以期改进人类道德状况，使其成为上帝的有限选民。这种路径就是熟读上帝的言语——《圣经》，在自然世界中体悟上帝的神性表现，即

① Rosenberg, John D. *The Darkening Glass: A Portrait of Ruskin's Genius*. New York & London: Columbia University Press. 1961, p. 1.

美的各种性相，并将其树立为评判艺术作品价值的标准，提高艺术作品的道德追求，使人们在艺术鉴赏和艺术创作中更深刻地体悟上帝的神性，并追求道德上的善与美德，以期无限靠近那种遥远而玄妙的神性。

由于母亲信仰的圣公会福音派教义对罗斯金思想的形成发挥了至关重要的作用，我们将进一步探讨圣公会福音派、“福音”一词的内涵以及该信仰的主要特点，并希望通过这种探讨，从各细节入手把握这一信仰对罗斯金思想的影响，进一步证明从宗教观念入手来理解其美学思想的这一思路是合理必要的。

首先，应该指出圣公会福音派（Anglican Evangelicalism）这一术语的渊源。圣公会（Anglican，或音译为“安立甘”）一词最早源于1246年中世纪的一个拉丁短语 *ecclesia anglicana*，意为英国教会。16世纪，在约翰·威克里夫（John Wycliffe）、马丁·路德（Martin Luther）、约翰·加尔文（John Calvin）为首的宗教改革家的推动下，宗教改革运动迅速席卷欧洲大陆。英王亨利八世希望离婚，另娶新皇后，但遭到了当时罗马教皇的反对，于是，他与后者反目，大力推行宗教改革，并于1534年左右通过一些重要法案，如《至尊法案》（*Supremacy Act*）和《皇位继承法案》（*the Succession to the Crown Act* 1533），将自己再婚合法化。当时的每个英国人都必须宣誓效忠皇权，否则就会被判处叛国罪，遭受严苛惩罚。这标志着英国正式脱离罗马天主教廷，英国主教也被立为英国国教会大主教。① 随后，爱国主义情绪在英国迅速抬头，不少信徒逐渐选择了这种带有本国特色的基督教派——英国国教（Anglicanism）。在17世纪30年代，圣公会一词的使用含义与“罗马

① 实际上，亨利八世的再婚只是一个导火索，对罗马天主教会的不满情绪实际上已在英国存在了长达四个世纪。

的”（Roman）相对，意为“与改良英国教会相关的”（of the reformed Church of England）。现在，“圣公会”一词多指与英国国教相关的信仰、教义和惯例。

英文福音派一词（*Evangelicalism*）的词源乃是希腊共通语（Koine Greek）中的*εὐαγγέλιον*，即*euangelion*或*euaggelion*，意为“福音”（gospel），即“佳音”（good tidings）、“好消息”（good news）。对于基督徒而言，“福音”一词指的是耶稣为救赎人类的罪恶而被钉上十字架、埋葬，三天后又复活的过程。对于基督徒来说，这个过程意味着希望和永生，因此被视为“福音”。根据《宗教百科全书》，福音派布道的重点是：“尽管上帝最终要审判所有的罪恶和不公正行为，但他救赎万民的恩典依旧是所有人的福音。”①

在19世纪头30年中，圣公会福音派发展成英国国教会中最有影响力的教派。约翰·查尔斯·赖尔（John Charles Ryle：1816–1900）可以说是这一时期最为重要的福音派宣传手册作者。罗斯金在信件中曾指出，赖尔的宣传手册几乎囊括了所有宗教问题，用语文雅，也最为实用。除此之外，罗斯金在自传中还曾提到他最喜爱亨利·梅尔维尔（Henry Melvill：1798–1871）的讲道。他认为，“在我所认识的布道者中，梅尔维尔是最真诚、正统，最具有西塞罗风格的雄辩传道士。”②在日记中，他也对梅尔维尔的讲道大加赞扬，认为这些讲道“崇高”“令人钦羡”“非常清晰有力”。

根据赖尔和梅尔维尔的布道，福音派信仰具有以下两个教义特征。

---

① Ferm, Vergilius ed., *An Encyclopedia of Religion*, Paterson, New Jersey: Littlefield, Adams & CO., 1959, p. 263.

② Ruskin, John. *Praeterita: The Autobiography of John Ruskin*. Oxford & New York: Oxford University Press, 1949, p. 354.

其一，福音派信仰的最主要特点就是，它赋予《圣经》绝对至高无上的地位（the absolute supremacy it assigns to Holy Scripture），将其视为信仰的唯一准则，以及检验真理的唯一标准。这一信仰摒弃了教会的传统权威，只将《圣经》作为上帝言语的直接论据，并要求基督徒仔细研读，从字面上理解这种上帝的言语，同时强调每一个人都能够通过自身努力，与上帝达到交融（communion），而在传播上帝言语时也都必须保持强烈而持久的激情（zeal）。赖尔在《解开的结》一书中指出："福音派信仰要求人们不应相信上帝言语中读不到的知识，因为人类无法证明这类知识的真实性。这种信仰完全否认《圣经》之外的任何事物可作为人类心灵的向导，发挥同等作用。"[①] 人们必须每天仔细而系统地阅读《圣经》，将其作为自身行为准则。梅尔维尔也曾说过："你自己要阅读《圣经》，也要让孩子阅读《圣经》。在阅读这一著作时你们应采取凝神沉思的方式，决不能匆匆按章节略读，而应该逐行、逐字认真阅读。"[②]

其二，福音派教义强调人类罪恶、败坏和堕落的本性。赖尔在《解开的结》一书指出，"福音派强调《圣经》的重要性，将其作为该信仰的根基，还明确指出了人类的原罪"，[③] 要求信徒清晰认识这一点。换句话说，每一位真正的信徒从内心的情感和理智上都必须承认，人类先祖亚当和夏娃违背上帝旨意，一同被逐出伊甸园。这最终导致全人类都远离了最初的正义与美德，从基因上来说他们都要行罪恶（do evils genetically）。

---

① Ryle, John Charles. *Knots Untied, Being Plain Statements on Disputed Points in Religion from the Standpoint of the Evangelical Churchman*, 9th ed. London: William Hunt and Co, 1883, pp. 4-8.

② Melvill, Henry. "The Bird's Nest," *Sermons*. New York : Stanford and Swords, 1845, p. 209.

③ Ryle, John Charles. *Knots Untied, Being Plain Statements on Disputed Points in Religion from the Standpoint of the Evangelical Churchman*, 9th ed. London: William Hunt and Co, 1883, pp. 4-8.

福音派信仰的这些特点对罗斯金的影响表现在以下诸方面：

第一，他从细读《圣经》的方式中受益匪浅，对这部经典的内容颇为熟悉，养成了引用其中诗句论证的习惯。而且，这种注重细节的习惯使他能够非常全面、客观地鉴赏艺术作品。

第二，受福音派影响，罗斯金亦将人类原罪与堕落的本性称为“亚当的诅咒”（Adamite Curse）。这种人性恶的观点在其美学思想中根深蒂固，甚至促使他对上帝产生怀疑，并逐渐关注人类在现世的生活。这种观点亦是导致他间歇性精神病发作的根源。他认为：“在我们的感情和人性方面，没有哪一部分从未在某些方面受到人类堕落本性的影响和支配。”在探索美的本质时，他将其追溯到上帝神性的呈现，强调其客观存在的永恒不变，认为人的主观、多变和反复无常等堕落本性背离了这种神性。也正因为如此，他才对后面提到的“美即有用”、“美来源于习俗”等观点深恶痛绝。他不仅时时意识到人性恶的本质，还指出肉体是人类败坏的根源，因此对热衷描绘女性裸体、表现色欲的艺术作品尤为不齿，厌恶感官享乐、声色犬马，认为这样的艺术作品挑逗肉欲、败坏道德，非但不能起到提高人类道德修养的作用，反而会助纣为虐，使他们进一步堕落，距离上帝更远，最终无可救药。由于裸体画的这种危险性，他总带着清教徒的有色眼镜来看待以人体美为主题的绘画类型，甚至指出人体是令人不快、不适和厌恶的。后来，尽管他逐渐强调人类的主观性，意识到艺术有必要描绘人体美，但还是对这一主题耿耿于怀、颇为谨慎。他认为，由于原罪，人类从本质上来说是败坏的，因此不能故意宣扬肉体美，而必须强调人体美的道德功用，帮助提升艺术作品的道德价值。

第三，福音派信仰所要求的强烈持久的激情和宗教体验与罗斯金美学思想中的浪漫主义元素相呼应。该信仰要求教徒在与上帝进行交流的过程中要投入强烈真实的情感，而浪漫主义也要求人们在艺术体验和诗歌创作中自发注入强烈真诚的情感。18 世纪学者威廉·威伯福斯（William Wilberforce：1759–1833）在其极具影响力的福音派著作《从现实角度看待我国上层和中层阶级自诩为基督徒的人中间所盛行的宗教体系：与真正的基督教相对而言》中指出，宗教不仅必须吸引人运用理智，更要求他们投入情感。罗斯金也认为，人们在艺术和审美中获得的深邃情感本身就是真诚、高尚的，对于人类的精神生活至关重要。这种情感直接来源于上帝。在后面我们将会看到，在罗斯金绘画美学关于活力美的论述，以及建筑美学关于力量明灯、生命明灯等范畴的论述中，有很大篇幅都在强调人类情感的重要作用。这一点体现了他所受那深刻的福音派宗教信仰的影响。

第四，福音派信仰强调只要仔细研读《圣经》，每个人都可以达到神人交感。持有这种信念的罗斯金也曾认为自己是传扬真理的使者，在评判他人看法时时常流露出一种骄傲、严厉、无情的态度。这种做法的初衷其实并不是令人厌烦的。梅尔维尔的观点充分说明了缘由。在名为《对他人的皈依发挥重要作用的伟大之处》的讲道中，他曾经说过："真正的基督徒浑身燃烧着对上帝荣耀的激情，爱他的同类，就像爱和他拥有同一父亲的儿女一样，就像爱和他一样都受到耶稣鲜血救赎的人们一样。"① 因此，基督徒总怀有一种为别人行善事、纠正他人错误的冲动。赖尔也曾说过："宗教热情会使基督徒憎恨与《圣经》不符的训教和宗教错误，就像对罪恶和瘟疫一样深恶痛绝，不管付出多大代价都必须将其检查出来，拨乱反正。" 因此，罗斯金在批判时那种看似冷酷无情的

① Melvill, Henry. *Miscellaneous Sermons: Selected from "The Pulpit"*. "The Pulpit" Office, 1843, p. 9.

态度和辛辣讽刺的语言其实也有着深层的宗教蕴意——福音派信仰对于《圣经》真实性的无比推崇使得他的眼中不容沙子，在看到评判对象（艺术作品）中违背真实与美的现象时就会非常犀利、不留情面地指出来。不过后来在放弃福音派信仰之后，他也承认自己极其厌烦福音派信徒以为只有自己掌握真理的那种骄傲自大情绪（其实，这种情绪他曾经也是有的）。

综上所述，早期的福音派信仰对罗斯金的影响分别表现在他的宗教观念、看待世界和自然的方法、写作文体和语言、对于他人看法的评论方式等几个重要方面。由于本书要讨论的罗斯金美学论著均完成于这一时期，因此后面探讨其宗教观念对其各具体美学范畴的影响时，会将他在这一时期的宗教信仰当作重点。

第二节　中期：怀疑者/背叛者

上文指出，在 1848 年到 1858 年的十年中，罗斯金已越来越怀疑自己的宗教信仰，越来越困惑。这种怀疑最终在 1858 年达到顶峰，导致他决定放弃信仰。在此后的十七年里，直到 1875 年，他对上帝究竟是否存在一直都无法确定。这种宗教信仰的变化是一个逐渐发展的过程，而促使他怀疑自身信仰的原因也有很多。

早在 14 岁，罗斯金就已经对母亲灌输的福音派信仰感到不解，产生怀疑。对于母亲笃信《圣经》字面意义真实性的做法，他无法接受。在自传中，他曾说道：“虽然我还从来没有想过要去怀疑《圣经》中的语言，但我已经感到，不应该用母亲教的办法［从字面意义上］解读其内容，而应选择其他方法。因为越相信《圣经》字面上的真实性，对于我来说反而越没好处。亚伯拉罕顺从天使的要求行事——这一点确实感人。如果有天使降临到我面前，向我提出某种要求，我也一定会依照他的要求行事。不过遗憾的是，天使还从没有降临到我的面前。”① 可以说，从未亲身经历过某种宗教体验（例如：基督显现、上帝现身等），是这一时期罗斯金宗教信仰发生巨大变化的一个重要原因。这也说明，罗斯金是一位不盲目依从于权威、不被宗教狂热冲昏头脑、尊重客观事实的严谨学者。

在罗斯金生活的维多利亚时期，地质方面的大发现和自然科学（如达尔文的物种进化论）的进步使很多人开始怀疑《圣经·旧约》中描述的那次大洪水的真实性。与罗斯金同时代的圣经学者约翰·威廉·科伦索（John William Colenso：1814－1883）就曾在《关于摩西五经和约书亚记的省察》一书中指出，《圣经》记载的并非历史事实。关于这一点，罗斯金在写给约翰·纳斯密爵士的信件中，曾指出：

> 在离开英国后，我曾经颇有顾虑的关于某些科学分支的知识，特别是地质方面的知识已经得到了进一步拓宽。现在，根据地质方面的事实，我已经确信，《圣经》明确记述的那次席卷世间各个角落的大洪水绝不可能像《创世纪》描述的那样曾真实发生过。此外，《圣经》中的很多叙述都存在很多科学知识难以解释的问题。我所指的尤其是所有地质学家都熟知的事实……比如在奥弗涅和郎格多克地区存在的巨大火山定是在诺亚洪水时代之前很多年早已存在很久了。这些火山表面都覆盖

① Ruskin, John. *Praeterita: The Autobiography of John Ruskin*. Oxford & New York: Oxford University Press, 1949, p. 178.

> 有很轻软、很松散的浮石似物质，如果那样一场巨大的洪水曾经发生过，岂不是早就把这些物质都冲刷掉了吗？可是，我们现在看到，这些火山表面丝毫没有被洪水冲刷过的痕迹。①

而且，罗斯金对《圣经》中描写的主要人物寿命、生育子女的年龄、以色列人出埃及后在旷野中的露营生活、向上帝献祭、参加献祭的人员数量和作为牺牲的动物数量等诸多问题存有疑问，似乎在用一种科学的、史学的标准来审视这部宗教经典。尽管他曾将《旧约》中所谓的摩西式叙事视为圭臬，在这一阶段他却认为，《摩西五经》不可能由摩西本人所撰写，也不可能由任何亲历或熟悉这一事件的人所撰写，而这种叙述中对神之意志和特性的彰显也皆不能视为史实。例如：《摩西五经·申命记》第 34 章第 12 节叙述的是摩西去世后的情节，因此不可能是由摩西本人所写。但是令罗斯金感到很矛盾的是，当时福音派信徒普遍认为，必须按照字面意思理解《圣经》，每一个单词、每一个音节、每一个字母都正是事件本来所呈现的样子，就像上帝在没有任何人力介入的情况下，从天上向我们述说的那样。面对这种严重分歧，这一阶段，罗斯金已经能够采取理性的分析和批判态度来研究《圣经》，不再一味盲目崇拜。

在此时期，罗斯金只将《圣经》视为一部充满诗意的著作，关注其对人类美德的推崇，强调人类必须认识自身的罪恶。他认为，阅读这本书的要求并不比其他人类撰写的著作高多少，也许需要更加仔细、专心、虔敬，但绝不应该将其视为来自于上帝的神圣旨意，也不应认为其

---

① Colenso, John William. *The Pentateuch and Book of Joshua Critically Examined*. London: Longman, Green, Longman, Roberts & Green. 1862, pp. vii-viii.

中每一个单词、每一句话都具有同等价值。他又从写作语言、风格等方面，理性地分析了《圣经》，在写给琼・赛文（Joan Severn）的信中，说道："谁也不能说服我相信《圣经》是用希腊共通语写成的。如果说在我们称为《圣经》的那本书里真的包含什么真理，那么这个真理也只是：所谓'上帝的言语'会通过多种不同方式传达给各种各样不同的人。"在之后《写给英国工人和劳动者的信》中，他甚至不无讽刺地说："不要认为你们手中那本名为《圣经》的印刷小册子就是'上帝的言语'。在任何一个虔诚的文具商那里你只要花上 18 便士都可以买到这么一本所谓的'上帝的言语'。""实际上，《圣经》只是一本写得不算太好的有关人类历史的书，在漫长的翻译和改写过程中已变得越来越糟糕，因此绝不是什么'上帝的言语'。"通过以上这些证据可以知道，尽管在这一时期，模仿《圣经》的言语和措辞依然遍布其作品中，但他已经能够以理性的态度批评这部著作，并逐渐表现出一种轻蔑和鄙夷的态度。不过，这种态度是与之前将《圣经》视为"上帝的言语"这一虔敬态度相对而言的。换句话说，此时他不再顶礼膜拜，而是将其作为在长期撰写过程中经不同学者、信徒多次修改和翻译创作得出的一部文学巨著或民族史诗来对待。

另外，对于福音派信仰所强调的绝大多数人都要遭受天谴的信条，罗斯金感到极其恐惧，这也是促使他放弃此种信仰的原因之一。在这一时期，人类在死后究竟有无生命的问题始终困扰着他。尽管他相信有来世，但福音派信仰强调的绝大多数人死后都要在地狱中受审判、受煎熬的场景对他来说又过于残酷，无法接受。因此，他始终徘徊在对来世幸福的渴望与不得不在来世忍受痛苦煎熬的矛盾中，踌躇不决。在写给父亲的信中，他曾说：

> 有些人对来世不抱任何希望。他们也可以生活得很好。不过，我完全不能理解他们的心理。比方说：卡莱尔始终强调必须保持美德，对所有痛苦都隐忍不言、弃绝自我，也从未希求在来世获得回报。可我发现自己根本做不到这一点：我太过狭隘——或者说太过自私。我感到，若不希求、不盼望获得“喜乐的冠冕”（a crown of rejoicing），那么尘世的种种烦恼和劳作一定会把我压垮。我可怜的朋友乔治在谈论死亡时就像在谈论睡觉，仿佛死亡毫无罪恶。他甚至没有表达出任何从长眠中醒来的愿望。我做不到这一点：想到再也不能看到阿尔卑斯山的雄姿，再也无法仰望满天的璀璨星辰，再也无法倾听大海的涛声，我就感到绝望，感到每一次呼吸都将自己向死亡的时间拉近了一段距离。最终在到了那一刻时，我不得不离开自己所爱的一切。对于我来说，只有对来世怀着坚定的信念，才有可能享受现世生活。

可以说，这一时期福音派信仰宣扬的绝大多数人都要坠入地狱接受审判的前景使罗斯金十分失望，无力承负。此外，福音派信仰将很多他尊敬的非福音派人士都打入地狱，并诅咒其永世遭受折磨。他极其厌恶这种做法。人类在现世要遭受种种不快和困苦。这令他感到，如果不寄希望于一个美好来世，自己将没有勇气继续生活于现世。但是福音派给他承诺的来世又是充满了折磨和痛苦。尽管如此他还是无法放弃对人死后有来生的念想。这一时期，他始终处于这种矛盾中。

这一时期，他放弃了宗教教派的狭隘性，试图用宽容的态度对待其他基督教派或其他宗教，或者至少是承认它们也具有合理地位。他强烈反对福音派信仰对其他宗教以及基督教派别的不宽容态度，对其抵制科学知识的做法也极为不满。他认为任何信仰都值得尊敬，绝不能站在某一教派的立场上对其他信仰嗤之以鼻。重要的不是信徒信奉哪种教义或信条，而是“他头脑中只需要关注两件事——耶稣在现世对于全体基督徒的拯救；以及在将来他一定会审判整个世界的信念。这两件事对他来说才是最为珍贵的认识”。他指出：“信徒们需要清楚地认识人类的脆弱和不足；坚定地依靠上帝的指引与庇佑……在我们询问一个信徒信仰哪个教派之前，首先得弄清楚他究竟有没有信仰。”

可见，在这段时期里，罗斯金逐渐放弃了原来较为狭隘、狂热的福音派信仰，认为《圣经》虽有其无与伦比的价值，但绝不应被视为“上帝的言语”。由此，他也开始关注人的重要性。我们注意到，他的两部重要著作《建筑的七盏明灯》和《威尼斯之石》都是在他逐渐放弃信仰，将注意力由天上转到尘世人间的这一时期中完成的。这两部著作所关注的重点恰恰是与人类生活关系密切的建筑艺术。

但是，对于死亡的恐惧、多年的信仰体系倒塌之后重新塑造信仰的渴望等导致罗斯金多年来一直处于怀疑论和不可知论的挣扎之中，困惑、彷徨、痛苦。这也为他后期重拾基督教信仰埋下了伏笔。

第三节　后期：重新皈依的基督徒

首先需要澄清，这里所说的重拾信仰并不是说罗斯金重新皈依了早年的福音派信仰，因为在与这种信仰毅然决裂之后，他就再也没有回头。但这种信仰对他的影响可以说是终其一生。即使在放弃该信仰之后，这种影响还时常阴魂不散地纠缠于他，甚至将他折磨得患上了精神疾病。

在经历了早年严苛的福音派信仰期，10 年的摒弃宗教期和长达 17 年的困惑怀疑期之后，从 1875 年开始，罗斯金的宗教信仰逐渐发生了变化。56 岁的他心胸逐渐变得开阔，对宗教的态度已逐渐变得宽容。1876 年，在一封写给朋友的信中，他说道："我并没有形成新的信仰，只不过已能从曾经的信仰中汲取某些有益的东西。我并不是说，这些东西就是真理，但它们却一同构成了对于我来说十分有益的真理。"这句话似乎在向我们暗示：他虽然早已意识到自己从前的福音派信仰存在诸多问题，但此时也不再激烈地全盘否定、一概摒弃这种信仰，而是用一种客观、公正的宽容态度重新审视它。因为如果摒弃福音派信仰，那么这种激烈坚决的态度似乎仍是福音派信徒的做派。

在这一阶段，他依然保持了前一阶段对于基督教不同教派的态度，认为基督教的全部意义在于：

> 上帝创造了尘世大地，创造了万物生灵，当然也包括人类。在某个特定时间，他会以人的肉体和形状降临到这一尘世中。他就在那肉体中，忍受着人世间的苦难，并会和他创造出的生物——人类一样经历死亡。之后，他会获得重生，彰显出自身的无限荣耀。在人类走向末日之时，他又会以人的形状降临尘世大地，并对每个人的德行进行审判。基督教的意义就是要信仰和热爱如此显现出来的上帝。

他也没有采取福音派信仰常见的做法，视那些不信仰基督教的人为仇敌，或是无情地讽刺抨击他们。他更没有断言只有福音派信仰才是获得永生、美德与安宁所必需的信仰。他不再关注于人类的堕落、《圣经》、上帝恩典、圣父圣子圣灵的三位一体、人类将受到末日审判等具体问题，而是以宽阔的胸襟，尊敬和赞扬所有信仰和所有的基督教教派。在这一时期，他对人类遭受天谴、在地狱遭受惩罚、无法进入天堂获得永生的恐惧似乎也渐渐平息下去。

然而，在这一阶段，他时而神志清醒，时而又陷入癫狂和谵妄。在神志清醒时，他表现出一种温和宽容的基督教信仰。这是他长期以来一直追求的。而在陷入疯癫状态时，他又像被魔鬼附身一样，始终意识到撒旦的存在，感受到自身的罪恶，偏执地认为“罪恶之主”（the Evil One）会将自己吞噬，并在这种幻觉中饱受折磨。可见，他无法摆脱人类的原罪、堕落、所犯下的罪行等可怕思想对自己的纠缠。在自传中，他记述了一次自己发疯时的情形：“我的疯癫似乎是这样出现的：我常常要与‘罪恶之主’面对面作战。对于被魔鬼攫住和控制的想法，我竟然颇为着迷。我相信，要想亲眼见到魔鬼，就得通宵不睡，等着他降临，然后就可以裸着身体与他战斗。”于是，他将衣服脱掉，满怀焦虑和恐惧地在黑暗之中来回走动。在一整夜过去之后，他走到窗前，“感到很奇怪，不知道为什么自己所期待的不速之客——魔鬼没有到来”。不过，“就在我伸手开窗的一刹那，一只巨大的黑猫从镜子后面嗖的一声窜了出来。这时我相信，那个邪恶污秽的魔鬼终于露出了真面目。于是我便猛扑过去，与它搏斗起来。这是我在当时那种严峻的局面下所能采取的最有效措施……我最终胜利了！”在得胜之后，他踉踉跄跄、筋疲力尽地回到床上，陷入一种迷狂的精神错乱状态。在此后的几个星期中，他都会处于这种昏妄状态。

在病发这段时期，罗斯金逐渐放弃了前一个时期对待宗教的理性分析态度。由于间歇性心理疾病的发作，他迫切需要维持内心的宁静平和，寻找一种信仰和依托。约翰·罗森博格曾指出，“罗斯金的疯癫像古希腊悲剧一样具有净化心灵的作用（Katharsis）。通过对想象中的魔鬼发起攻击，他在一段时间内就可以获得长期渴望的一种平静信仰”。还有些学者认为，由于这段时期接触招魂术（spiritualism）和降灵会（séance），罗斯金对来世的美好生活抱有很大希望（希望能够在来世见到自己的父母和爱人）。在某种程度上，这也促使他重新获得宗教信仰。无论如何，尽管最终寻回了一种带有个人色彩的基督教信仰，但他内心却没有获得宁静。间歇发作的疯癫时常会将早期福音派信仰灌输的恐惧和罪恶感带入其生活。这也说明，他根本无法摆脱这种信仰的束缚。

第四节　宗教信仰：理解其美学思想的钥匙

上文提到，罗斯金的宗教信仰可分为几个发展阶段。在不同阶段，他作品中关注的对象各不相同。下面就选择他关于人类自身价值及作用的看法，论述宗教信仰的变化对其作品的影响。

《近代画家》第二卷（Modern Painters Vol. II，1842）是罗斯金的早期作品。此时，他还是坚定的福音派教徒，认为人类只能在自己与造物主之间的关系中才能体悟和彰显自身价值。因此，在来世与上帝永存被视为至高无上的荣耀，只有极个别人才可求得。而他撰写第五卷（Modern Painters Vol. V，1860）的时期则是在1858年对自身信仰感到疑惑之后。在这一时期，他开始强调人类与现世生活以及各种现实需求之间的关系，逐渐淡化了人与上帝的关系。可见，随着宗教信仰的变化，罗斯金对上帝的存在和作用产生了怀疑，并改变了对人类和现世的看法。他开始审视人类自身价值，将其置于宇宙生活的中心，重视人们的现世生活，关注其在当下的痛苦与欢乐。伴随着这一变化，他对于人性、人类需求和人类艺术的观点也发生了巨变。

具体而言，在《近代画家》第二卷中，罗斯金谈到，人类的作用是“见证上帝的荣耀，并在理性的服从与随之而来的愉悦中升华对上帝的赞美与崇拜”。他提出以下定义：任何有助于人类履行上述职能的事物就是有用的事物。有用的事物能够彰显上帝的神性，有助于人类领悟、赞美和崇拜这种神性。可见，罗斯金对人和物有用性的界定完全以上帝为基准。而在第五卷中，他断然推翻了自己的上述主张，认为人类才是宇宙的中心。他指出：“所有自然力量都取决于其对人类灵魂的服从。人类是整个世界的太阳。他甚至比真正的太阳更耀眼。他那崇高的心灵燃烧着熊熊的生命之火，发出的光和热是唯一值得衡量的。有他身影的地方，都是温暖的热带，而没有他的地方，则是寒冷的冰原。”可见，在他看来，人类已取代上帝成为了真理的主要源泉。他们对上帝的全部理解都必须源于对其自身价值的领悟。这是因为，“神对于人类最直接的显现就是以他自身形象实现的，也是以人本身的形象实现的”。

通过以上看似前后矛盾的叙述，可以看出，罗斯金的思想并非一个连贯如一的体系，而是始终处于发展变化之中。这种宗教信仰的变化通过他在不同时期撰写的作品表现出来。因此，下面在研究其作品中某些具体的美学范畴时，必须考虑其宗教信仰的变化，比较他在不同时期关于同一美学范畴的论述，理解宗教观对其美学思想的影响。

第三章
美的形态说

《近代画家》这部作品充分体现了罗斯金以神为中心的美学思想，带有浓厚的宗教色彩。在这部五卷本的著作中，传记作家 E. T. 库克曾说："罗斯金关于美的理论是《近代画家》第二卷的永恒价值所在。"① 罗斯金的思想体系中，最为重要的就是其美学思想。上文提到的研究维多利亚时代的学者兰多就曾运用罗斯金本人的福音派类型说研究方法，指出其美学著作正是体现其思想体系的类型。其类型美与活力美的思想借鉴了柏拉图、亚里士多德、理查德·胡克（Richard Hooker）、培根、蒲柏（Alexander Pope）、约翰逊博士（Dr. Johnson）、雷诺兹（Reynolds）等古典主义诗学和评论思潮。他放眼过去，转向古代中世纪和文艺复兴时期，并通过研究当时的艺术形式和灵感，丰富自己所在时期的创作形式。他还吸收了以华兹华斯、柯勒律治为代表的浪漫主义思潮。同时，在剖析自然美和艺术美时，他如影随形的《圣经》福音派解读也深刻体现了其宗教背景，以及他始终念念不忘艺术的道德功用。但是，他对于过往经典

① Cook, Edward. Tyas. Sir. *The Life of John Ruskin* Vol. 2. London: George Allen & Company, LTD. 1912, p. x.

的剖析并非简单的古物研究或复古主义，不是涉及简单的无生命形式，而是重新创作了一种秩序。他对美的这种解读可以说是从神学为中心的一种美学理论，衍生出了一个较大的宇宙理论和道德体系。这种美的理论体现了他试图通过主观意志、聪明才智和想象力构建人类生存世界，并赋予其意义的做法。

最初，他创作《近代画家》的初衷是为了英国画家特纳（J. M. W. Turner）辩护，因此美的论说也都是为了证明特纳的优势。当时的期刊评论家指责特纳的作品缺乏真实性，未忠实于事实。而罗斯金从色调、色彩、明暗对比和透视等细节方面予以反驳，特纳关于天空、土地、水流和植被等自然事物的描述充分地重现了真实。随着思想变迁，在第二卷中，他转而总结出一整套艺术和美学理论，列出了几种不同类型的美，并将其称为“神的显现”。他认为，美是外部自然的特定品质，而艺术则是将这种种美记录下来，加以阐释，再将其传达给人类。由于与人类息息相关，艺术必须具有道德和宗教价值。因此，艺术家就相当于传道者，具有义不容辞的道德责任和义务。在此基础上，他探索了两种机能——观照机能（faculty of theoria）和想象机能（faculty of imagination）。运用前者，人们可以感知到艺术作品中的美。而运用后者，他们可以在艺术中再现和创造这种美。在第二、三卷创作间隙，他创作了《建筑的七盏明灯》和《威尼斯之石》，逐渐转向崇高和如画这两个美学范畴。在第三、四卷中，他系统、完整地论述了如画范畴。第五卷随着宗教信仰的变化，他又重新开始讨论人与上帝的关系。

下面就论述罗斯金这种颇为丰富、似乎也充满矛盾的美的形态说。

第一节　美的错误观念分析

《近代画家》第二卷于 1883 年出版。在提出自己独特的美的范畴之前，罗斯金先逐一剖析了四种关于美的错误观念，包括："美即是真"（the beautiful is the true）；"美即有用"（the beautiful is the useful）；"美来源于习俗"（beauty results from custom）；"美取决于联想"（beauty depends on the association of ideas）。从这一分析中，也可窥知其背后深刻的宗教观念。

从字面上解读，"美即是真"这一论断的意思是，如某物的表象真实地反映出了它的本质，那这种呈现就是美的；反之，就是丑的。罗斯金对这种字面解释持不同意见，指出这一论断明显与我们的经验相悖。他提出了以下三种情况。第一种情况：一块石头尽管呈现的就是石头的样子（表现出真），人们在注视它时，也并不会因为这一点而产生美感。即便产生美感，也可能是由于其他原因：有可能是出于对大自然鬼斧神工的惊叹，或是出于对造型的喜爱等。这种真的呈现并非美的原因。第二种情况：在面对一片状似古堡的云彩时，我们会产生美感。原因是这片云彩貌似城堡，而并非它原本应呈现出的那种轻盈缥缈、卷舒缭绕的无形体性相（真）。这种美的性相并非来源于真的呈现。第三种情况：在眼帘映入一大片淡紫色的小朵野花时，我们既可以从这一花朵本身迸发出的灼灼生命力（真）中获得美感，也可以因为它酷似一幅雍容纯净的藕荷色织锦（美）而获得美感。这种美的性相可能是来源于真的呈现，也可能不是。

通过上述三种反例，罗斯金指出，"美即是真"这种论断的错误在于将自然之美与艺术之美相混淆。在《近代美学》第一卷中，他的撰写初衷是替英国画家特纳辩护，认为他是最尊重自然的风景画画家。因此，在考察其他画家的作品真实与否时，判定准则就是它是否真实地再现了自然。他认为，自然之美就在于她表现出来的名山大川的雄壮、大江大河的奔腾、鸟语花香、鱼虫呢喃等存在；就在于造物主赋予她的能体现出其神性的性质；也就在于她本身。可以说，自然之美是在于美。这种“美”是上帝神性的显现，是上帝赋予其造物的一种客观特性、亘古不变。在凝神观照这种美时，我们可以体悟上帝的荣耀。相对而言，艺术只是对自然的模仿，如若不能真实反映或表达它所模仿的自然的真实特点或性相，就是虚假的，更谈不上是美的。因此，艺术之美是在于真。这里的“真”是指能够真实地反映或模仿自然。只有达到了“真”的前提标准，它才可能是美的。

最令罗斯金深恶痛绝的是“美即有用”这第二个论断。在他生活的19世纪的英国，此观点非常流行，颇受大众吹捧。“有用”一词普遍被人们赋予了很强的实用与功利色彩。罗斯金指出，这只是在一种极其狭隘和错误的意义上使用这个词。早在第二卷开篇第一部分第一节中，他就已经对“有用”（useful；utility）一词进行了界定，还进一步解释了物的作用与人的作用。他关于物和人之作用的界定实际上也完全以上帝为基准。

他对于物的作用是这样界定的：“（上帝创造的）任何事物如果能够恰如其分、完满地履行上帝赋予它的职责与功能，那么在这个意义上这种事物就是有用的。”①

在一般情况下说到某物“有用”时，我们往往会在前面加上限定词

① Ruskin，John. *Modern Painters*. Vol. II，New York：Merrill & Baker. 1897，p. 4.

“对人来说”，至少潜台词就是如此。因此罗斯金认为要界定什么事物对人有用，可能还要界定人的作用——“见证上帝的荣耀，并在理性的服从与随之而来的愉悦中升华对上帝的赞美与崇拜”。①

这里有必要解释何为上帝的荣耀（the glory of God）。上帝的荣耀就是他的精神之美。在罗斯金具有强烈新柏拉图主义色彩的论述中，这种荣耀并不是指艺术或审美方面的美，也不是某种有形的、物质世界之美，而是从所谓上帝的所有特征和全部存在中流溢出来的大美。上帝的这种荣耀布满了尘世大地。在地球各个角落以及人的身上都能彰显这种荣耀。它可以使万物近乎圆满，使人臻于完美。但这种荣耀并不属于人或其他物质，而只属于上帝，显现在其全部属性中，永恒存在、永不消亡。相对而言，人也有荣耀。人的荣耀是人的灵魂之体现，是会犯错误的，最终也将随着人生命的消逝而消失。在《以赛亚书》中，我们知道，上帝为了他的荣耀而创造了人类。“凡称为我名下的人，是我为自己的荣耀创造的，是我所赋形、所造作的。”（Everyone who is called by my name，whom I created for my glory，whom I formed and made.）②人类赞美和崇拜上帝之荣耀，是因为这种荣耀可以通过人表现在爱、善、英勇等具体美德上。这些美都是属于上帝的，而人类作为上帝用黏土造成的生物，只是承载着他荣耀的“容器”（vessel）。“我们有这宝贝放在瓦器里，要显明这莫大的能力，是出于神，不是出于我们。”（But we have this treasure in clay jars，so that it may be clear that this extraordinary power

① Ruskin，John. *Modern Painters*. Vol. II，New York：Merrill & Baker. 1897，p. 4.

② Isaiah 43：7，*The New Oxford Annotated Bible with Apocrypha*：*New Revised Standard Version*. 4th Edition. New York：Oxford University Press. 2010，p. 1025.

belongs to God and does not come from us.)[1]罗斯金的神性美学认为，所有人类能够做的事情、能够表现出的性状都来源于上帝。世间万物也显示出上帝的荣耀，并以多种方式将这种荣耀显现在人类面前。对于不同的人，他的显现方式也不同。有些人对于崇山峻岭的壮美颇感敬畏，有些人则深爱着海洋的烟波浩渺。这些现象都体现出上帝的荣耀。它将所有人与上帝联系在一起，使他们能够与其达成一种神人交感（communion）。正如《诗篇》所说："诸天述说神的荣耀，穹苍传扬他的手段。这日到那日发出言语，这夜到那夜传出知识。无言无语，也无声音可听。他的量带通遍天下，他的言语传到地级。"[2]

在这种具有宗教玄秘色彩的洪篇大论后，罗斯金提出了"有用"的含义——能够将上帝的荣耀更加鲜明地置于我们面前，有助于我们深刻理解神性存在的事物，就是有用的事物。与此截然相反的，是人们对于"有用"一词的功利性理解——凡有助于我们生存的事物就是有用的。罗斯金嗤之以鼻，认为在上述意义上被界定为"有用"的事物往往是无用的（就它是否能够将上帝的荣耀更加鲜明地置于我们面前、有助于我们更加深刻体悟神性存在而言）。如果说人类在这类事物的帮助下如行尸走肉般盲目地生存，完全忽略自身存在的价值，即履行自身的作用——见证上帝的荣耀，并在理性的服从与随之而来的欢乐中升华对上帝的赞美与崇拜——那么，我们还不如不存在于这个世界上。

在《近代画家》第二卷中，罗斯金讨论的是艺术作品，特别是绘画作品的"有用"性。根据他的解读，真正有用的绘画作品应该是在我们

---

① Isaiah 43：7，*The New Oxford Annotated Bible with Apocrypha*：*New Revised Standard Version*. 4th Edition. New York：Oxford University Press. 2010，2 *Corinthians* 4：7，p. 2030.

② Isaiah 43：7，*The New Oxford Annotated Bible with Apocrypha*：*New Revised Standard Version*. 4th Edition. New York：Oxford University Press. 2010，*Psalms* 19：1-4，p. 788.

对其进行凝神观照时，能够将上帝的荣耀置于我们面前，使我们见证这种荣耀，并有助于我们深切体悟神性存在的作品。在这一凝神观照的过程中，我们能够感受到自身作为上帝造物的卑微与渺小，更加虔心服从于上帝的荣耀，并在随之而来的愉悦中升华对上帝的赞美与崇拜之情。

因此，他所无情鞭笞的“美即有用”论断将无关利害的美的凝照混同为以个人为中心的私利追逐，将“钦羡与饥渴、热爱与欲望、灼灼的生命力与一时的感官刺激相混淆”（It is to confound admiration with hunger, love with lust, and life with sensation），①将人类贬降为一种没有思想、没有感情的生物，饱食终日无所事事，只为了满足自身的欲望而活着。这种观点显然是与人作为上帝造物，分享其神性，见证其荣耀的作用相背离的。

实际上，在罗斯金之前，有两位英国学者大卫·休谟（David Hume：1711-1776）和埃德蒙·伯克（Edmund Burke：1729-1797）就曾对美与有用之间的关系进行了激烈争论。大卫·休谟（David Hume）在《人性论》中指出，美并不是一种绝对的性质，而是相对的，应该根据对象是否对人类有用，来评估它是否为美。②人类之所以认为某物美，能从中感到愉悦，就是因为它能够达成某种宜人的目的，使人产生愉悦、感到幸福。在这里，物体的价值完全在于可以为人服务。这可以说是一种典型的功利主义美学。但是之后在《道德原则研究》（1752）一书中讨论动物美时，休谟又陷入矛盾之中。③起初他提出，动物身上任何美的源泉都在于它们的构造（如肌肉、前肢、后腿等）符合上帝规定的这种动物应履行的职责。换句话说，蜜蜂群居筑窝产蜂蜜、狮虎用锋利

① Ruskin，John. *Modern Painters* Vol. II. New York：Merrill & Baker. 1897，p. 31.

② Hume，David. *Treatise on Human Nature*. New York：CreateSpace. 2012，p. 65.

③ Hume，David. *Inquiry Concerning the Principles of Morals*. New York：Cosimo Classics. 2006，p. 47.

的牙齿撕咬猎物、长颈鹿伸长脖子咬食树叶、猎豹狂奔追逐羚羊等都充分履行了上帝赋予它们的功用。这样，它们就都是美的。罗斯金指出，如果从这一方面理解，那么休谟所谓的动物的美就和罗斯金所主张的“物的作用应充分履行上帝所赋予功能”的论断相吻合。

但紧接着休谟又指出，如果某个动物是美的，那是因为它恰到好处的身体比例将其与对人的作用联系起来。换句话说，动物美就在于其对人的作用。对于这里的“作用”，也有两种理解方式。如果说动物美只在于它可以为人类产奶（就奶牛而言）、成为人类的坐骑代步（就马而言）、可以为人类提供蜂蜜饮用（就蜜蜂而言），那么这种一切以人为中心的美就断然不同于罗斯金所谓的美。如果说动物对于人的作用在于能够使人意识到造物主的神奇与伟大，在观照客体时体悟上帝的无所不在、无所不能，并加深对上帝的敬仰与服从，那么这种有用无疑就是至高无上的，就是罗斯金所推崇的。

埃德蒙·伯克在《论崇高与美两种观念的根源》(1757) 中，对休谟的“美即有用”观点进行了猛烈的抨击。他指出，如果恰当和有用确实是美的根源，那么“猪的楔形鼻子及其末端粗糙的软骨、小的深陷的眼睛以及整个头部的形状等等这一切构造都很好地满足了它拱洞掘洞的职责，那么我们也可以认为猪是美的了”。[①] 然而绝大多数人认为猪并不美。在这个意义上，罗斯金与伯克可谓殊途同归。

总而言之，罗斯金对于“美即有用”这一观念的批判源于以下几点：第一，他的美学思想以神为中心，认为美是上帝神性的彰显，以对人是否有用为标准来界定“美”是非常不恰当的，甚至有僭越之嫌疑。

---

① Burke, Edmund. *Philosophical Enquiry into the Origin of our Ideas of the Sublime and the Beautiful*. London: Routledge and Kegan Paul. 1958, pp. 104–105.

第二，他强调人的精神追求与道德修养在对美的观照与鉴赏中发挥着重要作用，因此人类盲目满足自身欲望的功利性追求绝不是对美的追求。第三，他认为美应该是在对物体进行无关利害的凝神观照时所获得的感受。我们从某物中所获得的美感就应该来自于它自身，不应掺杂任何非功利性的目的。这种愉悦是一种纯粹自发的、不具任何实用价值的心灵活动。在对客观事物进行审美观照时，每一个人都有能力从客观性、永恒不变的美的存在中获得相似的愉悦之情。这是因为所有人都是上帝的造物，从本质上来说都分享了一部分神性。这是上帝的意愿（God's will），也是每人身上共同神性的表现。

接下来，罗斯金批判了“美来源于习俗”这第三种观念。习俗一般是指在特定时间、特定地域内某一社会文化生活中的惯例做法。这种观念认为，美来源于人们对某一对象的熟悉程度（familiarity with the object）。换句话说，在熟悉之后，人们对某一事物的美感会被培养出来，“日久生情”。在这里，他多次使用“熟悉”（familiarity）、“习惯”（habit）和“开始喜欢”（acquire a taste for）等词汇来解读这一观点，似乎在说，给人以美感的事物并不是始终如一地具有美的品质，而要依赖于观者很具主观特色的心绪和习惯。他正是从这一点出发对此观点进行驳斥。

首先，他指出习俗是一把双刃剑。在习俗的作用下，我们对乍看之下感觉很丑陋的事物会感到麻木，似乎这种丑陋程度有所减轻，引起我们的剧烈反应也不那么强了。另一方面，习俗也可以逐渐使我们对熟悉的事物产生喜爱之情。不过，尽管习俗和熟悉度可以加深我们对某一事物的热爱之情，或减轻我们对另一事物的厌恶之情，却绝不可能创造或摧毁美感。而且，习俗使我们对美和丑的感受都变麻木，这种麻木与美感的界限也因此被混淆。此外，如果美来源于习俗，那么我们就会搞不清楚究竟什么东西本身就是美的，还是在我们熟悉了之后才“变”美的。

不过，罗斯金也承认习俗在人们对美的体悟中确实有某些影响，但它绝不可能是促使我们弃丑择美的原因。在他看来，美是一种永恒不变、客观存在的属性，是上帝在其造物上留下的烙印（the signature of God upon his works），①充分体现出其神性，显现出其荣耀。“美来源于习俗”的看法则完全否定了美作为上帝造物所具有的客观存在性、永恒性、不变性，反而把这种性质归因于人的主观存在和感受。对于此时坚持将人放在卑微位置上的罗斯金来说，如果将美归于人的习俗，就等于将客观、永恒、普遍的神性降格为主观、多变、不定的人性。此外，人们在凝视某物时获得美感，喜欢美而厌恶丑，这都应该是一种天生的、瞬间的直觉，是来源于他们身上共同的神性。而美源于习俗说则暗示美感需要一段时间才能形成。

罗斯金所批判的第四种美的错误观念是“美取决于联想”。他认为这个观点对自己的学说造成了最大的威胁。尽管如此，纵观其论述，我们会发现他本人对于这一论断的看法也是摇摆不定的。从根本上来说，这种态度与其宗教信仰的变化也有着密切联系。

他首先指出，联想可分为两种——理性联想与偶然联想。能使人产生理性联想的任何事物都曾以某种方式与人类事件或情感产生关系。根据罗斯金的解读，认为美取决于这种联想的人认为，在没有人类活动迹象的乡村，树木不可能茂密茁壮、花草不可能芳香优雅、岩石不可能显得庄重高贵、天空不可能云蒸霞蔚、覆盖着皑皑白雪的阿尔卑斯山在阳光照耀下不会显得可爱迷人。这无疑是很荒谬的，因为人类自身能力有

---

① Ruskin, John. *Modern Painters*. Vol. II. New York: Merrill & Baker, 1897, p. 37.

限、生命转瞬即逝，所能亲眼见到、亲耳听到、亲身经历的地质环境都是极其有限的。由于自身的局限，他们大都过着卑微、悲惨的世俗生活，常常为了宣泄无知的怒气，肆意蹂躏和破坏着大自然。这些活动只会玷污大自然的美。整个外部世界作为上帝造物，无一例外都铭刻着他的神性美，且时时刻刻都在彰显这种性质。因此，试图用人类的有限存在来理解和界定外部世界的无限美定然是行不通的。人类的联想绝不是美存在的前提。

而偶然联想则是人类记忆与客观对象之间的偶然联系。我们是否产生美感要取决于这种对象唤起的情感是愉悦，还是厌恶。如果人们在伤心欲绝或欣喜若狂时凝视某物体，就会不由自主地将自身的悲哀或喜悦传递到该物之上，为其赋予一种灵魂和生命。过后如果再凝视该物体，我们就会很自然地产生一种与之前看到该物时怀有情绪相似的情绪。罗斯金举了一个例子：假如在与友人愉快地交谈时，我们的双目无意识地凝视着一根奇形怪状的树枝。在多年之后，也许当时的细节已经记不起来，但我们在看到同种形状的树枝时还是会油然生出一种愉悦之情，收获美感。但是，这种美感的产生过程是不能用理性加以分析的，引发美感的事物与这种情绪只是偶然联系在一起。可见，这种偶发性联想也定然不是罗斯金所谓的永恒不变的美的来源。

罗斯金严厉地批判了“美取决于联想”这一观点。这是因为此观点在当时十分流行，对他所说的“美具有一种永恒不变的客观存在性”一说构成了很大威胁。与针对“美来源于习俗”的批判相似，他认为，“美取决于联想”的观点将美从神圣、无限、永恒的苍穹撕扯到了污秽、有限、多变的尘世人间。这种解释否认美应追溯到一种神性的、超自然的存在，或是某种道德上至善的存在。它只将美追溯到人脑，并局限于人脑。而人脑并不像神性的律法那样永恒不变，而是时刻随周围环境而改变。因此，从联想出发无法阐明美的本质。可是，在后面罗斯金又指出，联想功能的最伟大用处不是为物质世界客观事物增添美感，而是提升人们的道德观念。换句话说，联想的重要性在于它与道德价值相关。而遗憾的是，“人们经常将运用联想所感到的喜悦与那些拥有内在美的事物所唤起的美感相混淆”，[①]忽略了它在道德修养中本应发挥的作用。

这里可以看出，罗斯金的美学观念并不是前后一致的连贯体系。在之后不久撰写的日记中他就指出，与十分陌生的加拿大相比，他所熟知和热爱的瑞典就显得可爱了许多。他觉得只要嘴里多次重复瑞典这个名字，就可以将自己从前在那里经历的种种“美”唤醒。他可以通过联想过去美的记忆，重温当时的感受、兴奋，重现当时的灵魂和生命。这表明，随着思想的发展罗斯金早已承认联想可以使人们感受到美。实际上，他也很清楚自己的观点时常前后矛盾，并认为这种前后矛盾正是认识某一事物应有的过程。他曾说过：“我本人至少在三次自我矛盾的认识之后，才会较为满意。只有这样才有可能较为恰当地理解了某一问题。”[②]确实，这种看法上的摇摆是认识问题时应有的现象，是发展中的变化。

综上所述，罗斯金始终坚持美是上帝的神性显现，能够将其荣耀展现于人类面前，升华人类对他的赞美与崇拜。而且美具有永恒不变的客观性。人对于美的观照应该是直觉性、超功利的，绝不应把自己的主观意志（包括习惯和联想）凌驾于其上。因此，在对美的感知中，不需要智力的运作或实证经历，只需要保持一颗纯粹的心，对上帝怀有发自内

① Ruskin, John. *Modern Painters*. Vol. II. New York: Merrill & Baker, 1897, p. 35.

② Ruskin, John. *Inaugural Address Delivered at Cambridge*. Cambridge: Deighton, Bell. 1858, p. 36.

心的热爱，追随其光明指引，运用同情和共鸣，不断提高道德修养。理解了罗斯金对这四种观念的批判，就为我们理解其美学理论铺平了道路。下面，我们就来评析他的两种形态的美：类型美与活力美。在这一过程中，我们将会看到，他深刻的宗教观念依然体现得淋漓尽致。

罗斯金对美的定义出现在以下几个地方。在《近代画家》第一卷名为“美的观念”的第六章中，他指出：“在对任何客观事物的外部特征进行纯粹的凝神观照时，不直接或不明确运用理智就可以使我们获得愉悦的事物，在某种程度上就是美的。”① “美的观念是能够在人的脑海中呈现出的最为高尚的观念，总是会不同程度地促进人脑升华，趋于纯粹。”②在这一节末尾，他又指出：“美的观念是道德感知的对象，而不是理性感知的对象。”③可见，这种“美”是能够使人类距离上帝更近的一种性质。人类从某物中获得的美感应源于该物本身，应是在对其进行无关利害的凝神观照时所获得的一种纯粹自发的、非功利性的、不掺杂任何实用性目的的感受。在对客观事物进行审美观照时，每个人都有能力从客观性、永恒不变的美的存在中获得相似的愉悦之情，就像每个人都认为糖是甜的、黄连是苦的一样。这一观点与中世纪神学家阿奎那（St. Thomas Aquinas）的观点一致。阿奎那曾指出，美是可感的，只涉及形式，无涉内容，不关联欲念，没有任何外在的实用目的。这充分说明，罗斯金的美学思想继承了中世纪神学美学的衣钵。

在第二卷讨论了上述四个美的错误观念过后，罗斯金以上帝为基准，区分出了两种美的形态——类型美（Typical Beauty）和活力美

① Ruskin, John. *Modern Painters*. Vol. I, New York: Merrill & Baker. 1897, p. 26.

② Ruskin, John. *Modern Painters*. Vol. I, New York: Merrill & Baker. 1897, p. 27.

③ Ruskin, John. *Modern Painters*. Vol. I, New York: Merrill & Baker. 1897, p. 28.

(Vital Beauty)，提出了自己的神性美学。他如是说："美要么是铭刻在外部事物上的良心印记、是上帝神性在物质世界中的体现；要么就是生物体的幸福感悟、是上帝所赋予功能的完美实现。但无论在哪种情况下，美都是某种体现神性的性质：抑或是上帝赞许的声音、有关其神性的象征、以及其善的存在的印记；抑或是他所创造或支持的事物对于其意志的服从。"① 可见，这两种美的形态都与上帝的神性相关，或者说是以上帝为中心的美，都可以视为"神的显现"(theophany)。

具体地说，类型美是客观对象的外部性质，是我们在一块石头、一朵花、一只兽或一个人身上都能体会到的"典型的神性"(typical of the Divine Attributes)。而活力美则是生物体洋溢着的生命力之美，以及在其履行上帝所赋予功能时表现出的幸福感和道德美德。其中尤为重要的是人类体现的生命力和道德追求。当然，罗斯金所说的人类生命力的体现和对道德价值的积极追求也与宗教信仰息息相关，都是为了响应上帝所赋予的功能和用途，彰显其源于上帝的神性。

在有关阿尔卑斯山的描述中，我们可以更加具体和直观地了解他所谓的这两种美：

> 突然之间，从通往勃朗峰古特木屋的方向传来一阵轰隆雷声，持续了很长时间。我抬头看去，乌云已经分裂开来。就像由雪崩造成的一样。而雪崩散发的白色水汽从山峰的东坡急降而下，就像缓慢的闪电一样。水汽在降落之前就已经被其运动所带来的巨大旋风撕裂，之后分散开来。缝隙越来越大，黑暗的影子在两边都渐渐消失开去。就像一个复活的鬼魂丢掉了它

① Ruskin, John. *Modern Painters*. Vol. I, New York: Merrill & Baker. 1897, Vol. II, p. 134.

> 腐坏的外衣，充满了一种永恒的生命力。南部的尖峰从暴风雨前乌云的黑色泡沫中钻了出来……沉闷的暴风雨在乌云下方迅速旋转，呼号着。树林在夜风之下哀号、摇曳着。陡急的河流灌注着山谷，并且沿着它跳动着。然而，那座巍峨的锥形山峰依然岿然屹立着，似乎就位于高高苍穹的中央——一座天国城池，紫色的城墙和金色的门阙。整个城池都沐浴在光亮中，覆盖上了上帝的和睦与安平。于是，我就知道（到现在为止，我才刚刚知道），“美”这个词语的真实含义。我曾经以为，这种美应该与人类的联想相关——需要运用人力，需要人的头脑发挥作用。人类自身的形象并没有在上帝的形象中蓦然消逝。但是在那时我理解了，所有这些都是上帝神性的典型，可以使得人类的灵魂不再关注于自身，而将精神集中在这种神性的典型中，从中汲取给养，以获得永生。这一点，而且只有这一点，才是美的真正意义，也是正确涵义。①

可见，罗斯金认为，一方面，人类在上帝伟大的神性显现中，消除了自身充满个性的存在。他们的全部心灵和精神都被吸收和融化入上帝的神性中，全部力量都虔心屈服于这股无限的神力。此时，所有人类意志都停止发挥作用。罗斯金否认在对美进行凝神观照时人为因素的重要性，强调美源于一种永恒不变的、上帝神性。这一观点与中世纪奥古斯丁（St. Augustine）的看法遥相呼应。奥古斯丁从基督教神学角度来解读美，认为美源于上帝，而上帝就是美本身，是至美，绝对美、无限

① Cook, E. T. & Wedderburn, Alexander. ed., *The Works of John Ruskin*. Vol. 4. London: George Allen &New York: Longmans, Green & Co. 1903, p. 67.

美。在这种神性的显现面前，人是极其渺小、一无所有的。从这里也可以看出罗斯金美学思想中的古典因素。另一方面，罗斯金也强调，人类在对美进行凝神观照时，会有一种发自内心的、深邃热烈的情绪释放。可见，从第一点罗斯金得出了关于类型美的论述，认为美是上帝的典型神性。而第二点则使他逐渐考虑到在对来自上帝的自然界之美进行凝神观照时，人内心的情绪反应和道德回响，即活力美的重要性。他后来也提出在对活力美的欣赏与体悟中，发挥作用的并不只是纯粹无利害的观照能力，还涉及人类的强烈情绪和亲身经历。

看起来，罗斯金在活力美中强调的人类情感的介入似乎与他在类型美中强调的美的客观性和永恒性相互矛盾。因为情绪不是人们发挥理智作用的结果，而是道德修养作用的结果，带有主观色彩。由于人与人之间存在很大不同，产生的情绪自然也就不同。这种个人差异性与美的普遍性和客观性就是不相容的。但为了自圆其说，他指出，由于所有人都是上帝造物，人性中都分享了一种神性——道德修养。因此，每人在这种相同的道德修养支配下产生的情绪就是客观普遍的，是上帝的旨意。这种看似矛盾的情况也反映出罗斯金的思想变化过程——从上帝到人类，从天堂到人间，也印证了其宗教信仰的变化是导致其美学思想发生摇摆的原因。不过，尽管逐渐承认人的主观性对审美观照具有积极意义，罗斯金依然将这种主观性追溯到一种客观存在——上帝的神性。下面，我们就具体分析上述两种类型的美，理解罗斯金宗教信仰的变化对其美学思想的影响，强调宗教观念在其美学思想变化历程中始终发挥着重要作用。

第二节　类型美：福音派类型学的美学解读

一、“类型”的含义

“类型”（type）① 一词来源于希腊语，意为例证（example）。根据《宗教百科全书》（*An Encyclopedia of Religion*），类型（type）是类型学（typology）中的重要术语。类型学的主要解读方法是：将《圣经·旧约》中出现的人物或事件解读为关于基督的昭示或对基督教会中某些教义、惯例做法的预示。②韦氏字典认为，类型学解读方式就是将“基督教诸信仰”解读为对“《旧约》中事物和情节的预示或象征”。③

中世纪很多基督教绘画和建筑的主题都涉及《旧约》中的人物和事件。这些预示着《新约》中的相关内容。当代研究中世纪艺术的学者玛丽莲·斯托克斯塔德（Marilyn Stokstad）指出：“在基督教艺术和思想中，类型学指的是《旧约》中内容昭示着《新约》中人物和事件的现象。例如，基督本人就曾使用约拿被海兽吞入腹中三日之后得救的事例（即类型），来暗示自己将会在被钉上十字架死去三天之后复活。摩西和《民数记》中的‘铜蛇’（a serpent of bronze）预示着基督在十字架上殉难。亚伯拉罕准备牺牲自己的儿子以撒，将他献祭给上帝的情节则预示着上帝将会牺牲自己的儿子基督，以拯救人类。”

---

① 依其宗教含义，译为“类型”更为合适。

② Ferm, Vergilius ed., *An Encyclopedia of Religion*. Paterson, New Jersey: Littlefield, Adams & CO. 1959, p. 799.

③ http://www.merriam-webster.com/dictionary/typology.

自中世纪基督教得到长足发展以来，类型说/类型学（Typology）就成为其解读《圣经》的方式。人们从《旧约》中选取某些人物、事件或律法，宣称这些证据昭示着（foreshadow）耶稣在《新约》中的出现、壮举，或预示着上帝天道（providence）等。《旧约》中的这些证据就是所谓“类型”（type），象征或预示着《新约》中即将出现的人物（主要指耶稣）、事迹以及神性的“反类型”（antitype）。举例来说，在《出埃及记》第17章第6节中，耶和华曾命令摩西击打磐石，从磐石中必有水流出。这水可供以色列民众饮用。根据类型说，此处的物品“磐石”、“磐石被击打”（the smitten rock）以及“击打磐石后必有水流出以供以色列民众饮用”等事件，都是类型，预示着《新约》中救世主耶稣降临、被钉上十字架，及其死后会再次降临并拯救民众等事件（反类型）。

布朗大学教授乔治·兰多在其《维多利亚时代的类型，维多利亚时代的预示——维多利亚时代文学、艺术及其思潮中的〈圣经〉类型学研究》一书指出，“类型学”是基督教徒对于《圣经》的解读方式，试图在《旧约》的律法、事件和人物中寻找关于《新约》中耶稣出现的预示，以及对于其彰显的天意和天道的预兆。

在罗斯金所处的维多利亚时代，类型学这种《圣经》阐释方式甚为多见，对文学艺术思想产生了不可磨灭的影响。在很多艺术家、画家和诗人的作品中，都能寻到类型学意象。例如杰拉德·曼利·霍普金斯（Gerard Manley Hopkins：1844–1889）的诗作《茶隼》（*The Windhover*）、《上帝的荣耀》（*God's Grandeur*）等。在《茶隼》中，“辛勤的劳作使犁具磨光擦亮，幽蓝暗寂的灰烬在陨落时，在被撕裂时，才会从很深的伤口裂缝中迸发出一缕绚烂的嫣朱和金黄。”① 诗人刻画的意象是：当某

① Hopkins, Gerard Manley. *The Best Poems of Gerard Manley Hopkins: Featuring "The Windhover", "Carrion Comfort", "As Kingfishers Catch Fire", "Thou Art Indeed Just, Lord", "The Child Is Father to the Man", and Many More.* North Charleston, SC: Createspace. 2013, p. 67.

物（例如，一只茶隼、一团余烬、一堆土块）受到外界重压（be subjected to great pressure）、重击（crushed）或挫伤（bruised）时，会迸发出更高的美和成功（bring forth higher beauty and success）。他实际影射了《旧约·创世纪》第3章第15节伊甸园中的蛇引诱夏娃和亚当吃下禁果的情节。耶和华得知后对蛇说：“我又要叫你和女人彼此为仇；你的后裔和女人的后裔也彼此为仇。女人的后裔要伤你的头，你要伤他的脚跟。”① 从类型学视角解读，这一事件预示着《新约》中耶稣的降临。耶稣，作为夏娃的后裔，将会挫伤蛇的头。而他本人也会被蛇挫伤（即被钉上十字架，受难），但最终他会征服蛇代表的邪恶势力，复活并再度降临。通过这一类型，诗人强调，耶稣甘受挫伤，甘被摧毁（心甘情愿地被钉上十字架），以实现最伟大的终极胜利。正所谓没有十字架上的受难，就无法成就他的荣光再临。

在维多利亚时代，福音派宗教信仰盛行，不管是不是基督教徒，任何人都有可能指出《圣经》中的典故，并对其进行解读。② 作为那个时代最富盛名的艺术与社会评论家，罗斯金的写作、思维与评论习惯也时时处处透露出象征主义类型学的影响。他关于美的不同范式、想象力以及艺术理想特征等范畴的论述也深深留下了这一烙印。他运用类型学阐释《利未记》中繁琐的奉献仪式，并以此提出19世纪的英国民众应增强宗教信仰，慷慨地投入时间与金钱建造礼拜堂。他还以此为引，详细地解读了乔托、丁托列托等文艺复兴时期画家的作品。在很大程度上，他深入比较《圣经》言语与自然存在，验证二者对应关系的做法也可追

---

① “I will put enmity between you and the woman, and between your offspring and hers; he will strike your head, and you will strike his heel.” See *Genesis* 3：15.

② Landow, George P. *Victorian Types, Victorian Shadows: Biblical Typology in Victorian Literature, Art and Thought*. Boston: Routledge & Kegan Paul Ltd. 1980, p. 3.

溯至类型学强调类型（符号）与反类型（符号所指对象）之间紧密联系的做法。

罗斯金在长期宗教信仰中习得的类型学象征手法以及由此而来的思维习惯不仅赋予他一种解读艺术的方法，还影响着他的美学理论、想象理论以及理想艺术理论。针对《圣经》典故和引喻的类型学研究是罗斯金思想每一处火花的源头。这些火花不仅出现在他对单个画作和建筑物的解读方面，还体现在他对于美学、地质学、历史学的探讨中。因此我们有理由认为，在美学中罗斯金极有可能也是在同一意义上使用“类型”（典型）一词。他所谓的“类型美”正是指，体现出上帝神性的类型（典型）——美的范式。考虑到福音派类型说对罗斯金的影响，Typical Beauty 实在应译为“类型美”或“美的类型”更为确切。现流行的“典型美”译法忽略了上述福音派思想维度。在下文的讨论中，本书作者倾向于使用“类型美”一词。

二、类型美的六种范式

类型美是外部自然界和艺术中的优美事物所体现出的“普遍秩序感”（universal order），是神性的某种类型（typical of the Divine Attributes），是上帝在宇宙万物中的显现。这种类型美可以体现在一块石头上、一朵花上、动物身上，亦或是人类所创作的艺术作品中。这些客体形式方面的美之所以能够给人以愉悦，就是因为它代表、再现了神性自然，即作为上帝造物的自然。人类在凝照某些特定的外部视觉特征（例如秩序、比例与平衡）时，由于这些特征是神圣属性的实在类型和体现，而人作为上帝造物也继承了部分神性，因此与体现神性的客体世界产生共鸣，本能地迸发出美感与愉悦，获得审美感受。此外，在这一过程中，人类的本性得到激发，运用自身道德本性，而这种道德本性又同时彰显了源自上帝的神性。

这里需指出，根据上文所述的福音派阐释方法，无限、统一、静穆、对称、纯粹、适度可以看作美的类型（type），而后面对应的则是神的反类型（anti-type），如神性的不可知性、神性的包容性等。不过，罗斯金还是超越了机械的传统类型说，即类型对反类型的预示，以及反类型高于类型的主张。他在《近代画家》第一卷中，着重强调艺术要忠于自然（truth to nature），体现出对事实和现实主义的侧重。而在第二卷中，他又提出了美和想象力理论，传达了对想象力和理想主义的强调。他就这样，将心中的理想艺术解读为现实主义（可视可触的类型）与象征主义（无限玄妙的反类型）的结合。这二者的比照，似乎表明罗斯金对于实实在在的尘世与不可企及的天国同等侧重。人类凝神观照大自然中的类型美，运用想象力在艺术作品中再现类型美，目的正是在于实现美、宗教与道德的交融。

实际上，早在18世纪，这种强调自然界中秩序美的观点就曾非常流行。罗斯金本人的类型美论断也继承了这种古典主义衣钵。他对于六种范式的划分就充分体现了他对古典主义思潮中“合式”（decorum）、“妥帖得体”、美取决于秩序等观点的继承。作为上帝的造物，自然体现出某种普遍秩序，或称典型、法则或模式。作为上帝的造物，人类同自然一样，从最开始身上就体现出了一种普遍的秩序。对于这种秩序的感知本身就是令人愉悦的，因为这就等同于人欣赏自身由上帝所赋予的神性。因此，在审美和艺术创作过程中，他们就需要对这种秩序进行体悟、重塑和再现，来回应自己身上的神性。就这样，在对这种神性秩序的显现进行观照，并以其为原型进行创作的过程中，他们也创作出了各种各样的美。

在《近代画家》第二卷中，罗斯金将类型美分为六种表现形式，分别是：无限性（神性的不可知性）、统一性（神性的包容万物）、静穆性（神性的永恒存在）、对称性（神性的公平正义）、纯粹性（神性的能量之源）和适度性（道德律管辖）。在这六种范式中，无限性、统一性和对称性都是与自然秩序相关的形式美范式，而静穆性、纯粹性和适度性则是与这种形式美相关的范式。下面，逐一进行论述：

1. 无限性：神性的不可知性（Infinity：Divine Incomprehensibility）

在探讨类型美的六个范式之前，罗斯金曾指出人们对美的感受应该是在面对自然界神性显现（美）时产生的一种非常强烈、宛若神赐的极乐感知。这种美的感受源于对上帝荣耀的领悟和赞美。在这一过程中，人们无需进行世俗性、惯例性的思考，可以摆脱任何世俗烦恼，就像天真无邪的孩童一般，只运用直觉和本能即可。整个过程必须是非功利性的。然而好景不长，随着年龄的增长，越来越多世俗事务会变成羁绊。生活的压力越来越大，人们逐渐没了时间和自由进行这种审美观照。不过，在凝神观照类型美的某一范式时，他们依然能够像回归孩提时代一样，暂时摆脱世俗的羁绊，全身心地（哪怕只有很短暂的一段时间）投入到对上帝神性的凝照之中，并在这种凝照中感受到美。这种范式就是无限性。

罗斯金将无限性（Infinity）称为神性的不可知性（Divine Incomprehensibility）。这种范式充分体现了其美学思想中的宗教观念。“无限性具有某种形而上学的意味，与无处不在的、万能而神圣的秩序感具有潜在的因果联系。”①他指出，无限性并不取决于自然现象壮丽华美的形状、积极鲜明的色彩，或是强烈的光线。这种类型美范式“是所有可见

① 李鹏程、王柯平、周国平：《西方美学史》（第三卷），中国社会科学出版社 2008 年版，第 845 页。

客体中最无形、最无限、距离尘世这所巨大监狱最远的、最典型的上帝神性的显现，也是能够最恰当地暗示出上帝居所的性质”。[①]

他举出了一些具体例证来进一步解释这些玄妙的措辞。在蓝天下，向地平线放眼望去，目之所及之处是一片明亮而巨大的空旷处所——面对这种遥不可及的空旷感，人们体悟到一种无限性，在观照这种明亮与空阔时会获得愉悦，心灵丝毫没有被禁闭的感觉。与此相对，黑暗、毫无疆界的夜空则更像一张钉满星辰的穹顶，似乎将人类幽闭于俗世，令人想逃又无路可逃。

我们知道，罗斯金习惯于先在自然中探讨某一美学范式的呈现，之后再拓展至人类在模仿自然所创造的艺术作品中应如何模仿和呈现同一范式。他始终认为，由于人类本身就是上帝的造物，其创造的艺术作品也应以上帝的造物自然为标准，才能恰当反映出上帝的神性。就无限性而言，在艺术作品中呈现该类型美范式时，最重要的一点就在于对自然界无限性的忠实再现，以及再现程度、数量和质量。他认为，如果艺术作品对这种无限性无所呈现，那么它就不会得到升华，也不可能趋于完美。反过来说，如果沉闷、平淡无奇，甚至是以琐碎事物为主题的艺术作品对这种无限性有所呈现，那么就能在一定程度上得到提升与深化。因为，这样的艺术作品是艺术家凭借其作为人的直觉，感受着上帝无限性的召唤而完成的。在创作时，他们像孩子一般简单、纯粹，运用真挚情感，丝毫不带一丝矫揉造作。他们所呈现的正是自己所深爱、又深切感受到的。他们在这种创作行为中寻求的正是自己内心自然就要追求的。那是他们作为观赏者的感同身受，而非作为旁观者置身事外的艳羡。这种感同身受源于他们同样作为上帝造物所具有的神性。很多风景

① Ruskin, John. *Modern Painters*, Vol. II. New York: Merrill & Baker. 1897, p. 41.

画都体现了罗斯金所谓的这种无限美，例如威尼斯画派画家笔下一望无际的天空、地平线那边形态各异又自然的朵朵白云、绵延不绝伸向远方的地平线等。他还指出，无限美的范式对于绘图安排也有一定的启示。风景画家在描绘一片森林时，最好在远处的树枝中留出一道光线；在描绘雨景时，留下一抹远景，暗示出无限可能。而肖像画家可以在人物袖口下方或扶手椅旁边留下白色的一笔。室内静物画家可以留下一扇半开的窗户，或虚掩房门。通过这些技巧，观赏者就不会觉得自己像被困于笼中的小鸟，没有想要逃脱的欲望，会全身心地融入和欣赏画作。

人们对于无限性的期盼充分显示了他们想要逃脱世俗高墙的冲动，也传达出对未来能够获得上帝宽恕，逃离尘世，回归天堂的迫切希望。而他们之所以渴求无限性，不甘被禁锢于有限空间，就是因为他们是上帝的造物，分享了其一部分神性。他们虽然被囿于有限的肉体躯壳，但是对于无限的美仍旧心向往之。罗斯金还指出，虽然自然和艺术中关于无限性的呈现对人类内心所产生的作用并不完全相同，但是在对这些作用做出回应时都需要发挥纯粹的宗教性联想。这种联想都可以追溯到同一神性：即人们向往上帝、希望重回天堂的情感。对比自身那狭窄、黑暗、悲惨、为尘世缧绁所囿的命运，人类在凝神观照时会感到明亮的苍穹延伸到了自身力量范围之外的领域。而他们正是在对这看似近在咫尺、却永远遥不可及的景象的观赏和凝照，以及随之而来的憧憬与希望中，体会到上帝之美的无限性，获得无上的愉悦。

罗斯金认为联想可以使人类认识无限性这一美的范式（让我们在这里暂且忘掉前面他对于“美取决于联想”那一主张的批判吧）。除此之外，某些形式并不需要借助人们的联想，其纯粹的形式本身就可使人获得美感。这些客观形式尽管琐碎、低微、简单，但本身就呈现出上帝无限美的性质。曲线的美和渐变现象呈现出的美都属于这种形式上的美。

图 2：Chichester Canal by J. M. W Turner

特纳作品：远方地平线上初升的太阳和海面暗示出大自然类型美的无限性范式。

图 3：The Young Christ in the Temple by Rembrandt

伦勃朗作品：上半部门柱之间的较亮光线透露出无尽的可能，不至于使观者有被幽闭于此空间的不适感觉。以上是无限性在艺术作品中的显现。

曲线美。这种形式美充分体现了罗斯金对美的主张。在对这种形式进行观照时，人们丝毫不会运用理性分析，一见之下就会自然而然生出一种愉悦。这种美感是本能的、只依赖于观者的直觉。通往不同方向的无尽变化将每一条曲线都分成了无数个部分，暗示出无限种可能。可以说，曲线正是集合了无限种无限美范式的形式。在自然界中，这种曲线美无处不在：起伏的波涛、绵延的山脉、蜿蜒到尽头的曲径、婀娜多姿的花朵、斑驳的树影等等。曲线美的种种存在彰显出自然界的无限可能，也映照出上帝的遥不可及。没有任何人力能够模仿出这种无限性，因为人毕竟是有限的。而在对其进行观照和欣赏的过程中，人类会感到自身的有限与上帝的无限，感到自身有希望获得救赎，从而生出一种愉悦和美感。18 世纪英国画家和作家威廉·荷加斯（William Hogarth：1697–1764）曾经指出："S"形曲线或称蛇形曲线（serpentine curve）是所谓的"美的线条"（Line of Beauty），象征着活泼、活力，更易引起观者兴趣，而直线、平行线或直角相交线则暗示出停滞、死亡和毫无生气。这里我们可以很自然地联想到心电图的走势，曲线暗示着生命的跃动和无限可能，而直线自然就象征死亡。罗斯金提出的曲线美例证可以说与荷加斯的主张遥相呼应，不过他更侧重于从宗教角度对这种曲线进行阐发。

渐变的美。在自然界种种表面和人体阴影中，都存在渐变现象，因为几乎所有表面都是曲线表面。在自然光线的照射下，曲度最大的表面会反射出最强烈的光线。随着曲度变小，光线会逐渐变暗。渐变现象就是这样出现了。为了忠实于自然界的这种现象，艺术家必须通过局部色彩的浓淡、视角的远近、透视法以及反射等手法呈现这种渐变现象。如果观赏主体在艺术品中未看到这种现象，就很难感受到愉悦和美。原因是，作为观赏主体的人，都分享了部分神性。而自然中的渐变现象也反

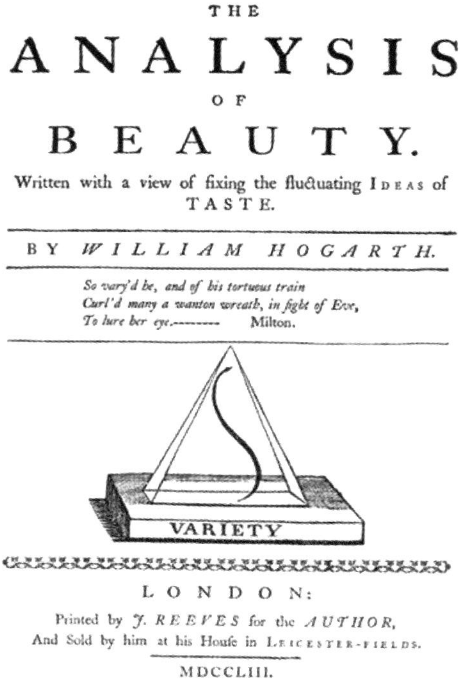

THE

ANALYSIS

OF

BEAUTY.

Written with a view of fixing the fluctuating IDEAS of TASTE.

BY *WILLIAM HOGARTH.*

So vary'd he, and of his tortuous train
Curl'd many a wanton wreath, in sight of Eve,
To lure her eye.-------- Milton.

VARIETY

LONDON:

Printed by *J. REEVES* for the *AUTHOR*,
And Sold by him at his House in LEICESTER-FIELDS.

MDCCLIII.

图 4：荷加斯著作《美的分析》扉页中央的蛇形线条。

映出一部分神性。若在本应重现这种渐变现象的艺术作品中，人类没有看到这种现象，会感到缺乏共鸣，感到与自身神性相冲突，自然生出一种不快的感觉。但是，自然界所有渐变现象都是极其微妙的，而且在某一程度的色调、光影与下一层次之间似乎都存在着可以进一步细分的层次。人类尽管是上帝的造物，分享了一部分神性，但却无力再现这种微妙的差别和无限性渐变，只能略微暗示出这种现象的存在。换句话说，人类创造的艺术作品绝不可能完全表现出自然界中无限美的另一种存在方式——渐变现象。

除曲线和渐变现象之外，自然界中还有很多体现美之无限性的现象或性质。它们都是上帝无限性的表现。这种无限性并不神秘，只是深不可测。它毫不遮遮掩掩地展现在人类眼前，只是他们无法理解。它是一种很清晰、很明显的无限存在，类似于纯净海面下隐藏的无可探寻的黑暗，像百慕大三角一样令人无从琢磨。

我们可以看到，与上述无限性密切相关的一种性质是多变性（variety）。罗斯金提到的曲线和渐变现象之所以彰显出美，就在于其无限的变化。罗斯金的绘画老师兼朋友詹姆斯·杜菲尔德·哈丁（James Duffield Harding：1798-1863）曾经在《艺术的原则与实践》一书中对“无限的多样性”进行了详述：“多样性对于美来说至关重要，与它密不可分。可以说，没有多样性，就没有美。由于多样性对美来说不可或缺，美要臻于完善就必须具备无限的多样性。也正是这种无限的多样性，构成了大自然的完美。人类艺术作品若没有呈现这种无限多样性也同样不可能完美。”① 罗斯金本人也继承师意指出，自然呈现出的无可穷尽的多变性恰是它最为美丽和重要的特点。

① Harding, J. D. *Principles and Practice of Art*. London: Chapman and Hill. 1845, p. 35.

总而言之，无限性是大自然类型美的一种重要范式，也是所有美的艺术的一个重要原则。然而，对于刚才提到的由无限性派生出来的多样性变化，罗斯金似乎刻意没有进行详述。这也为他下面的批判埋下了伏笔。

2. 统一性：神性的包容万物（Unity：Divine Comprehensiveness）

在这一部分中，罗斯金分析了统一性、多变性和比例等概念。我们将按照这一顺序，逐一论述。

与无限性密切相关，或者说相辅相成的是统一性（Unity），一种包容万物的神性（Divine Comprehensiveness）。所有呈现出万物之间联系和共同作为上帝造物那种亲缘关系的事物都是令人愉悦的。这是因为，世间万物都具有统一性，都必然分享了上帝固有的神性，也都统一彰显出上帝神性的典型特征。世间万物的荣耀就在于这种统一性，即彰显出上帝无所不包的神性。因此，罗斯金更倾向于将这种统一性定义为“神性的包容万物”。如不具备这一固有神性，任何事物似乎都会失去存在的理由。而在所有能够表现出与其他事物具有统一性的物体、精神等因素中，这种统一性恰是它之所以完美的原因所在。可以说，这种统一性是所有上帝造物作为神性显现之所以为美的共同原因所在，是整个宇宙运行的重要规律，亦是神性秩序的永恒显现和统一象征。

罗斯金浓厚的宗教观念仍旧影响着他对统一性这种类型美范式的解读。他按照距离上帝的远近，从天使到人类、再从人类到无生命物质，自上而下逐一分析了其统一性，换句话说，包括天使的统一性（unity of spirits）、尘世间生物的统一性（unity of earthly creatures）和物质的统一性（unity of matter）。

天使的统一性（unity of spirits）。首先，我们要说明，鉴于罗斯金浓厚的宗教背景，有理由认为他所说的“spirits”是指天使。在《新约》中有以下印证，“天使岂不都是服役的灵（spirits）、奉差遣为那将要承受救恩的人效力吗？”①在罗斯金的论述中，天使的统一性在于他们自始至终都拥有的大爱，都具有悲天悯人的境界，都会无私付出和欣然获取。正是因为这些特点，天使身上体现的力量表现在他们履行上帝所赋予之共同神圣使命的过程，也就是他们在上帝的天籁之军中作为一卫同袍的情谊。他们既是传达上帝旨意的信使，又是戎行中为上帝而战的忠诚斗士。②对于俗世中的人，他们也都无私给予博爱，又从获得的热爱中获得欢愉。罗斯金认为，天使的统一性就在于他们彼此的相互依赖与不可或缺，以及他们对于造物主的完全依赖和顺从。这种依赖和顺从对于他们的统一性具有决定性意义。虽然这些宗教色彩极浓的叙述听起来十分玄妙，而且关于天使存在与否并无实证，不过罗斯金似乎能够自圆其说。他认为天使是体现上帝统一性这种类型美范式的最高一级，有着一定的道理。由于宗教观念在其美学思想中的重要作用，我们已经知道，罗斯金在解读任何美学范畴和形式时都会将其追溯到上帝这一终极源头。

尘世间生物的统一性（unity of earthly creatures）。尘世间生物所彰显的统一性就在于它们表现出的充满生命的力量和无比宁静、自足的存在。在这种充满生命力的宁静中，渗透出它们对自身处于一种神性掌控的信任和依托，也体现出背后将它们彼此连接起来的上帝之手。它们在这种神性的联结和统一中，表现出对上帝神性满怀信任的服从与宁静的自足，以及从中收获的喜悦之情。这一层次的统一性囊括了人和动物身

---

① *Hebrews* 1：14，*The New Oxford Annotated Bible with Apocrypha*：*New Revised Standard Version*，New York：Oxford University Press；4th edition March 19，2010，p. 2104.

② 在旧约中可以看到，上帝曾多次为维护以色列人的利益而向摩西发出命令，发动圣战。

上的统一性。从这里可以看出，这种生物的统一性在后来被罗斯金进一步发挥，演绎成与类型美相对的活力美。

物质的统一性（unity of matter）。这种统一性是指世间的无生命物质呈现出的统一性。罗斯金指出，所有物资的组成都有条不紊，但也都充满多变性。而且，各种物质都有千丝万缕的联系。在他们的相互吸收和相互影响中，都可以显现出其分享上帝神性的统一性。这里，罗斯金似乎仍旧继承了新柏拉图主义的衣钵。

到此为止，我们看到，罗斯金根据上帝所造之物的不同阶层一一剖析，指出这些造物都呈现出类型美的统一性范式。接下来，他又按照不同种类，将统一性划分为服从性统一性、本源性统一性、连续统一性、成员统一性，并逐一进行分析。在以这种方式进行分析时，我们也可以看到他的出发点依然是深层宗教观念。只不过，他的分类略显繁琐。

服从性统一性（Subjectional Unity）是指，相互独立的不同事物如果都服从于同一种影响，那么这些事物之间就存在服从性统一性。在自然界中，有很多例证，譬如：云彩在同一风向推动下的一致运动、海浪波涛所展现的一致流向，以及浓密森林随风而动的摇摆和波状起伏等。就人和动物而言，这种统一性运动则体现在他们在同一意志和神启作用下所采取的行动。作为上帝造物，他们/它们被赋予的意志和获得的神的启示也都源于从上帝那里继承而来的统一神性。这里，对于人类和动物在何种情况下会体现出服从同一种事物的，罗斯金并未详述。如果说这同一种事物就是上帝，那么每人和每种动物体现出的影响也未必会保持一致。关于这一点，有待深入探讨。

本源性统一性（Original Unity）是指，来自于同一个本源或源头的事物所表现出的同舟共济的性质。同一棵树上的树枝、同一支花朵上的花瓣、太阳放射出的耀眼光线都属于这种统一性。就人和动物而言，这种本源性统一性的原因就在于他们/它们都是上帝的造物和子女，都从上帝那里获得生命，彼此之间存在亲缘关系。这里再次见出罗斯金对于新柏拉图主义的继承。

具有连续统一性（Unity of Sequence）的事物往往处于某一链条中的不同环节。它们之间彼此的连续性和衔接性体现出一种可以传达的整体力量。统一性就体现在这种力量之中。声音抑扬顿挫的旋律、线条的连贯之美、动作和时间表现出的有序承续性都体现出这种统一。在人和动物身上，这种统一性表现在：他们/它们不断通过获取真理知识、不断运用理性使自身趋于完美；并始终一心一意地表现出和上帝达成对话，力图与上帝完美交融的倾向。这里表明，罗斯金的侧重已经逐渐向人类和所谓其他造物转移，关注后者对所谓上帝神性的主观回应。

成员统一性（Unity of Membership）也被称为本质统一性（essential unity），是指从自身来说相互之间并不完美的事物一同构成了一个完美事物。在物质中，这种统一性表现为声音的和谐与各组成部分的连贯性。在人和生物中，这种统一性表现在他们对于上帝的热爱、自身被上帝包容的愉悦，以及来自上帝的灼灼生命力。这种统一性似乎与服从性统一性有些类似。与20世纪曾风靡一时的格式塔理论强调的整体大于个体之和也有相似之处。

从如上简要论述中，可以看出，上述类型美统一性范式的两种划分方法中都存在一些牵强和重复的地方，有时听起来像布道一样枯燥乏味、玄妙难解，但还是可以看出，无论罗斯金是从上帝造物的高低地位，还是从不同类别出发对统一性进行分析，都带有非常浓厚的宗教意味。在这一阶段的撰写过程中，罗斯金的宗教信仰依然较为坚定，坚信上帝的存在并将其作为万物之本源，同时也是他所要寻觅的美之来源。而且他类似布道的奥秘解读也体现了他所受的深刻神学教育。

在第二种划分方法中，他最为强调的是最后一种统一性——成员统一性。他指出，这种统一性不可能存在于两种相似事物之间。这是因为，两种相同或相似的事物不可能互为成员，也不可能出现一个整体只由这两种事物组成的情况。为了组成整体，必须有第三个因素的加入。这第三个因素必须不同于前两个因素。例如：两条胳膊必须在加入第三个因素——躯体之后，才能构成一个完美的人。第三个因素不可能是第三支胳膊。这三个因素之间存在着成员统一性。没有躯体，这两条胳膊是不完美的，而没有这两条胳膊，躯体也不可能是完美的。由此可以得出一个结论：在具有成员统一性的事物之间，必然会存在差异与变化。这里可以寻到古希腊哲学家亚里士多德的有机整体的观点。

由此，罗斯金引出了关于多样性和变化的论述，并批判了人们喜爱变化、厌弃永恒的人性。他指出，变化即使达到最高形式，也不可能是美的。以自然界的生物为例，很多鸟儿长着五颜六色的羽毛，身上呈现出多种刺眼、紊乱、毫无规则的变化。和这些鸟儿不同的是，天鹅浑身呈现出一种纯白的色彩，没有丰富的变化，但它却通常被认为是最美丽的鸟儿。在罗斯金的论述中，相对于统一性来说，变化的地位要低得多。只有和谐、有节制的，能够促成和加强统一性的变化，对于美才是至关重要的。换句话说，变化对于美来说并非必不可少，其发挥的作用也是次要的。个体的反复不定与多变性都应该服从并包容于整体性或统一性之中——即一种包容万物的神性之中。

然而，在人类的天性中，却有一种天生喜好变化、并将其视为美的不良倾向。这种本性让他们从变化带来的新鲜感中获得快感。他们还容易将这种快感等同于美感。而在短暂的新鲜感过去之后，他们对于当初视为美的事物就会感到厌倦。这与他曾经批判的“美取决于习俗”的观点有着密切联系。在对象发生变化之时，观赏主体也许会由于新鲜感和口味的转换而获得一种快感，但在熟悉之后，这种快感就会慢慢褪去，所谓“美的情绪”就会逐渐平息，甚至会产生腻烦感。可见，用变化带来的新鲜感和习惯之后的熟悉感来界定美就相当于用一种非常有限和多变的人类情绪来界定上帝的神性显现——美，这是十分不当、也是不可能的。罗斯金的批判极其严厉，认为这种企图是病态的、邪恶的（morbid and evil），[①]甚至还是一种亵渎上帝的行为。真正的美作为上帝的神性显现，应该具有持续性、连贯性，始终都能使人获得愉悦，而不只是提供短暂的快感。而且，随着人类灵魂对于回归神性的需求越来越强烈，对于美这种神性显现的需求恰恰应该是逐渐增加的。因此，只有真正的美才可以为人类提供灵魂的给养（a bread of soul）。[②] 罗斯金甚至举例说，这就像基督在为了救赎人类而被钉上十字架之后，肉体转变为面包，鲜血转变为红酒，而基督教徒就从形式上（某些教义则将其视为实际情况）食取面包，饮用红酒，作为自身灵魂的给养，希求获得救赎。多变性丝毫不能提供这种滋养，只会使人类迎合自身反复多变的有限性，逐渐远离永恒与无限，远离上帝和天堂。

不过，罗斯金还是以服从统一性（Subjectional Unity）和连续统一性（Unity of Sequence）为例，说明了变化在统一性中发挥的重要作用。

就服从统一性而言，尽管具有这一性质的事物都服从于同一种影响，但这种影响对于各物的不同作用以及它们对这一作用的服从都是通过变化的方式得以表现。例如，在风力作用下的大海波涛中，每一簇浪花的运动方式都是不同的，呈现出具有巨大差异的多种性状，但整体看

---

① Ruskin, John. *Modern Painters*, New York: Merrill & Baker, 1897, Vol. II, p. 55.

② Just like “the Bread that comes down from Heaven”. See *Book of John* 6: 50 in *The New Oxford Annotated Bible with Apocrypha: New Revised Standard Version*, New York: Oxford University Press; 4th edition March 19, 2010, p. 1893.

来，它们都受到了风力的一致影响。如果在这种统一性中不包含变化和多样性，它就会变得千篇一律、乏味不堪。因此，客观对象的变化既显示出统一性内的无尽可能，也显示出在某一影响作用下的事物所彰显的多样激情与生命力。就人类而言，在许多描述众人的画卷中，我们可以看到在某一情绪作用下他们会做出大致相似的动作，但是脸上的表情却各不相同。例如，在描绘耶稣的死对众人影响的画作中，譬如《对基督死亡的哀恸》,[①]尽管每个人都表现出一种一致的悲伤情绪，但是有的悲伤体现在面部表情的抽搐和止不住的泪水，有的悲伤体现在肢体的不自如和六神无主，有的悲伤则体现在充满疑惑、五雷轰顶的惊愕。又如达芬奇的《最后的晚餐》描绘了十二门徒在听到耶稣预言有人要背叛他时做出的反应。有的门徒向老师表白自己的忠诚，有的门徒大惑不解要求追查叛卖者身份，有的门徒则向长者询问如何是好，整个场面陷于不安之中。达芬奇在画中塑造的各不相同的人物形象体现了这些人在服从性统一性作用（耶稣透露的自己被背叛的消息）之下的不同（变化）心理活动。[②]这种变化会大大提升画作的统一美。

而在具有连续统一性的事例中，音乐旋律最能证明多样性和变化的重要。不断变化着的音符以一种非常美妙的方式联系在一起，生成令人感到愉悦和美的曲调。由此，罗斯金提出了另一个与统一性密切相关的具体范畴——比例（proportion），并探讨了其审美价值。他认为，美在于比例，比例就是美。这种观点实际上也体现了来自于古希腊的古典主义美学思想。例如，毕达哥拉斯就很重视数字、音符之中的比例美。在罗斯金的祖国，美学家伯克也曾论述过美和比例的关系，但他得出的论

---

① *The Lamentation over the Dead Christ* by Bellini.

② *John* 13：21（p. 1031）, *Matthew* 26：22（p. 923）, *Mark* 14：19（p. 951）, *Luke* 22：23（p. 1002）of *The Holy Bible*（American Standard Version）.

图 5：The Last Supper by Leonardo da Vinci's（达芬奇画作《最后的晚餐》：1495－1498）

断却与罗斯金大相径庭。伯克认为，比例仅仅是为了便利的目的，与美并无直接关系。他对于美在于比例的说法持批判态度，指出："人们往往认为美体现在各部分之间的某种比例。但我很有理由怀疑美究竟是否属于比例的这种观念。因为，和秩序的观念一样，比例几乎只涉及便利。我们应该将它视为理解力的产物，而不是作用于感觉和想象的首要原因。相反，美不要求我们运用推理和意志。我们不需要经过长久的注意和研究，在一瞬间就可发现某一对象是美的。美的外形不需时间便可以很有效地在我们身上引起某种程度的爱和愉悦之情。这就像人们面对冰和火会产生冷和热的第一感觉一样。……而比例则是对于相对数量的测绘，需要花费时间和智力。"①他的意思是，美需要的是人类的直觉感受，而不是刻意的注意、考察、研究和推理。是否合比例则需要通过测量和研究才能得知。因此，客体对象是否为美与其是否符合比例毫无关系。此外，罗斯金指出不同种类的动物表现出的比例也各不相同。由于在所有美的事物中无法找出一种可奉为圭臬的永恒比例关系，而且每一种事物都具有一种独特的美，因此比例对于美来说毫无作用可言。

与上述观点不同，罗斯金指出，人也可以通过直觉和本能，直接感知客体的结构是否符合比例。而且，比例本身就包含在统一性之中，因此是美不可分割的要素。他将比例划分为两种：外显性比例（Apparent Proportion）和建构性比例（Constructive Proportion）。在对外显性比例进行凝神观照时，我们获得的是对于纯粹数量关系的感受，不涉及任何对与错的理性判断、有无功用、是否得体或任何权宜的考虑，也不涉及任何目的与因果关系。它只显示出不同数量之间的有机联系，是两种相似

① Burke, Edmund. *A Philosophical Enquiry into the Origin of our Ideas of the Sublime and the Beautiful*, London: Routledge and Kegan Paul, 1958, p. 74.

但彼此不相关的事物之间呈现统一性的最重要方式。罗斯金认为，这种比例不会暗示出任何与人有涉的目的，而是自然界多种力量的运作结果，也是我们获得绝大多数美感的根源。它是一种自然规律，存在于外界自然中，体现出背后由上帝支配的力量。可见，罗斯金对美的讨论始终围绕着上帝这一本源进行。这种所谓的外显性比例就是一种由上帝赋予的性质，亦是人类获得美感的原因所在。这是由于，这种外显性比例来自于上帝，与人身上的神性相呼应，于是人在观照这种比例时就会产生共鸣，进而收获美感。

而建构性比例则是数量对于功用的顺从与适应，普遍存在于与人类世俗生活息息相关的建筑艺术形式中，譬如建筑材料的重量、需要承载的重量和建筑物的规模这三者之间恰当的数量关系就属于建构性比例。这是一种与功用相关的比例，带有伯克所说的某种便利性或实用色彩。当动物和植物等上帝造物身上出现这种建构性比例时，即使我们对此有所感知，也不会对美感的发生发挥较大作用。我们不能想到这种比例会有助于自己达到某种功利性目的。如果被这种不纯心态所牵制，就不可能体会观赏对象真正的美。这里，罗斯金传达的信息还是以神为中心的美学思想：由上帝创造的万物都具有完美的比例和构造。这是为了使它们履行由上帝所赋予的功用。在观照万物时，我们领悟到这种比例构造就是为了使这种生物履行上帝所赋予的职能，并在这种感知中获得美感。而这种比例的细节和构造方式究竟若何，则是我们根本无法获取的知识，只有上帝才是这种知识的终极源头。而我们对于自身在这方面的无知也心知肚明。因此，如果在观照这种比例和构造时，不知天高地厚地用人类有限的知识评判它们对人类的功用，那么就绝对无法领悟其中的美。

罗斯金进一步举出一棵植物的树茎与其树冠的关系进行说明。他说，要了解这种比例关系，需要知道很多因素：植物的大小、根茎纹理的粗糙程度及其结构模式、树冠的重力、树冠所处位置等等。只有在熟知了所有这些情况后，才能了解建构性比例的具体存在。但是，由于不可能详细了解个中情况，在凝视植物美并感受美的过程中，这种建构性比例只能发挥很细微的作用。这种美的植物的存在只能使人们更加确信自身对于感受来自于上帝的美的无知。通过观照这种美，人们得知：只有上帝的神性智慧才能使植物具有如此错综复杂的属性，由此彰显出他的至美。

除植物之外，动物的身体构造中也有发挥各种功能的大量骨骼、肌肉和神经系统，因此，人想要理解人身上的复杂建构性比例更加困难。获取这种知识变得更不可能。另外与凝神观照植物的比例美不同，在凝照动物身体比例时，人们往往会感到不快。一方面是由于人类在凝视时往往从自身视角出发，凭借主观臆断，判断长颈鹿的脖子太长，大象的躯体过于庞大，猪的鼻子过于外翻。在评判过后，同情心理就会发挥作用，人们会设身处地替凝照的对象（动物）感到不适、别扭，从而生出一种不快感。另一方面，这种不快也有可能是由于从自身不完美的有限视角出发，人类会错误地认为上帝的神圣作品中存在不完美的造物，从而对上帝产生错误的理解。

此外，建构性比例还可以继续划分为两种——上帝造物中的建构性比例与人类造物中的建构性比例。人类不可能理解上帝造物的建构性比例。由于不可理解，这种建构性比例就很难在我们凝照美时产生任何影响。人类造物中的建构性比例则是为人类功利性目的服务的，其中也很难涉及关于美感的体悟。因此，罗斯金认为建构性比例与我们所论及的类型美都无关。不过根据罗斯金的思路，本文作者认为上帝造物的建构性比例恰恰彰显了上帝的无限性和人类的有限，似乎更加贴切地体现了类型美的第一个范式——无限性。

3. 对称性：神性的公平正义（Symmetry：Divine Justice）

从上述关于统一性和多变性的论述中，罗斯金又引出了类型美的第三种范式——对称性（Symmetry），即神性的公平正义（Divine Justice）。英国历史上很多学者都曾强调对称与美的关系。这其实也是源于古希腊哲学家关于美与数字和比例密不可分关系的论述。威廉·康格里夫（William Congreve：1670–1729）曾说过："任何没有呈现出比例的事物都不是美的。如果看不到对称与和谐，我们的双目和双耳都不会感到愉悦。"①不过，罗斯金所侧重的方面与这些前辈不同。他注重的并不是对称与比例的紧密联系，而是二者的区别："对称是同等数量之间的对照，而比例则是不等量之间的联系。从一棵树左右两侧生长出的两根树枝呈对称关系，而向着树冠生长的那些或长或短的树枝则构成了某种比例。"②可以说，比例是变化发展的事物之间的一种关系。这种比例是前面所说的连续性统一性的组成要素。而对称则是静止的，体现出一种对立与平衡。罗斯金指出，对称是一种相互映照，并不是由同等事物的对立形成的，而是由可以相互平衡的事物构成。当代美国布朗大学研究罗斯金美学和维多利亚时期艺术史的乔治·兰多教授对罗斯金的这种看法做了精辟总结：比例是动态的秩序（kinetic order），而对称则是静态的秩序（static order）。看起来，罗斯金所希求的并不是绝对的相似或平等，而是可以相互平衡、互为补充的事物。例如：在一片柔和色彩的映衬背景下，画家也许只需要一抹强烈的色彩就可以体现这种性相。

---

① Congreve，William. *The Complete Works of William Congreve*，New York：Russell & Russell，1964，Part Two，p. 85. "Nothing can be called beautiful without proportion. When symmetry and harmony are wanting，neither the eye nor the ear can be pleased."

② Ruskin，John. *Modern Painters*，New York：Merrill & Baker，1897，Vol. II，p. 72.

与前两个类型美范式的讨论模式相同，罗斯金将这种形式上的美学范式也追溯至上帝的神性，并指出人类的道德法则也应该反映出这种神性。他认为，对称这种范式之所以令人愉悦，是因为它暗示出一种抽象的、上帝所赋予的公正公平。在这里，我们可以看出罗斯金对亚里士多德伦理研究的继承。亚里士多德曾经说过："公正是比例，而不公正与不公平则是违反和破坏了比例。"①他还将美的形式与道德美德结合起来，认为比例就是道德上的平衡与适中，认为美德与报答之间符合比例的平衡就是公正公平。例如，勇气的美德是将怯懦之不足与鲁莽之过度进行中和后，得出的适中美德。因此，适度（对称）本身并不是一种美德，而是所有美德的共有特点。②罗斯金受这种理论的影响，也指出："比例与其说是一种独立的性质，不如说是将不同性质进行重新组合的形式。"③换句话说，比例并不算是一种独立的类型美范式，必须要与其他类型美的范式联系起来才有意义。与亚里士多德曾将适度作为人类美德的做法一样，罗斯金亦将比例作为构成道德秩序的一种美。形式上的对称，成就了外界事物的美；而德行上的中庸则成就了人类的尊严与高尚。此外，他还将这种道德秩序与自己的福音派宗教信仰结合起来，认为客体形式的对称美与人类的正直美德以及神性的正义公平都是相对应的。

除对称之外，有条不紊的平衡排列可以加强庄严、强烈的美。这种平衡象征着上帝的神圣本质，与暴力、无序状态表现出的罪恶是完全对

① Aristotle. *Nicomachean Ethics*, Indianapolis/Cambridge: Hackett Publishing Company, Inc., 1999, p. 69.

② Aristotle. *Nicomachean Ethics*, Indianapolis/Cambridge: Hackett Publishing Company, Inc., 1999, p. 69.

③ Ruskin, John. *Modern Painters*, New York: Merrill & Baker, 1897, Vol. II, p. 73.

立的。就人类的造物——艺术品而言，如果没能表现出对称，狂热和暴力的负面效果就会强化，导致作品远离上帝的神性。在这里，罗斯金将“崇高”（sublimity）作为美的反面范畴提出来。他指出，如果某作品没能呈现对称范式，那它一定不是美的，而是“崇高”的。而“崇高”作品的“崇高性”正是因为它不具有对称这种类型美范式。也正是这一点导致它们丧失了美这种上帝属性。在艺术（尤其是风景画）中，如果为了追求不规则的崇高感而牺牲了对大自然对称美的模仿行为，那么这种艺术就是有缺陷的，不是美的。不过在后面，我们还会阐发罗斯金关于“崇高”这一美学范畴的思想变化。

通过以上论述，可以看出罗斯金美学思想中的宗教观念与古典主义美学的结合。“高贵的单纯，静穆的伟大”——古典主义美学思想家温克尔曼评述古希腊雕塑的名句借用过来概括罗斯金理想的公正公平丝毫没有违和感。另外，在表达他在这一部分的论述依然体现了他深刻的宗教信仰影响。在这种难以摆脱的影响下，他在谈及美时，始终追求着一种源自上帝的普遍秩序，主要特征在于无限和统一。因此，他对于有限、变化和非对称感到十分不适，认为它们均不属于美。可见，此时他的美学思想依然以上帝为中心，对于远离上帝神性、与人类有所沾惹的任何范畴都很排斥。

4. 静穆性：神性的永恒存在（Repose：Divine Permanence）

类型美的第四种范式是静穆（repose）。罗斯金照例先从自然界万物的静穆范式出发，逐渐引入对人类艺术如何呈现静穆范式的探讨。这种思路亦是他一直遵循的探讨顺序——从上帝造物（自然）中体现出的类型美范式到人类创作的艺术作品中该范式的呈现，即首先将前者奉为圭臬，之后再以此为标准，评估人类艺术作品中对这种范式的表现。

这种静穆的因素是“对于永恒性和安静的简单呈现”（simple appearance of permanence and quietness)，或者是“实际的或者运用想象力时所感受到的对于活力或运动可能的暗示”(vitality or capability of motion actual or imagined)。[①]可见，静穆虽是事物的一种静止状态，但在这种状态中还蕴含着内在生命力和运动的无限可能。这种表面风平浪静、实际暗潮涌动的静穆与明显的热烈情绪、多变和处心积虑的行为是完全相反的，是一种神性的永恒与寂静无声，仿佛可以令人安心沉溺其中，进入梦乡。这种大音希声的静穆蕴含着对于和平、稳定、秩序、无限等的渴望。正如罗斯金所说：“与激烈的感情、多变与不确定性、费劲心力的刻意为之相反，静穆反映的是永恒心灵与神圣力量的一种独特状态。”[②]

这种范式充分体现了上帝的永恒神道与超越一切的神圣力量。上帝的名字实际上就充分体现了他的永恒所在。在《圣经》中，上帝（造物主）曾对摩西明确宣称过自己的名字——“I AM WHO I AM”(我是自有永有的)。[③]在英语中，“I am”这句表述是一般现在时态。通过从这种时态，我们可以看出上帝始终不变的永恒性。这句表达与“我曾经是”(I was)，或是“我将是”(I will)等表达中体现出的变化、不同和非永恒性是截然相反的。与上帝的永恒存在相比，人类是凭借着上帝之手才从一抔黏土“变成”(become)人形的。他们的存在“是由上帝而生”。这也暗示出人类要受到上帝支配。只有在上帝的作用下，人才会从一种状态（一抔土）变为（或者更确切地说，升华为）另一种状态（人性）。这种变化也说明他们只会存在于一个很短暂、很有限的时期内。他的存在是源于上帝的创造，最终也必将伴随着上帝的审判走向消

---

① Ruskin, John. *Modern Painters*, New York: Merrill & Baker, 1897, Vol. II, p. 65.

② Ruskin, John. *Modern Painters*, New York: Merrill & Baker, 1897, Vol. II, p. 65.

③ Exodus 3: 13, *The New Oxford Annotated Bible with Apocrypha*: *New Revised Standard Version*, New York: Oxford University Press; 4th edition, 2010, p. 86.

亡。作为上帝的有限造物，他绝非永恒，因此也就不具备静穆的范式。

除了体现出上帝的恒久存在之外，这种静穆的范式还体现在以下三个方面：至高无上的神性知识（supreme knowledge），世间的一切都被囊括在这种知识中、无出其右；无坚不摧的神性力量（supreme power），丝毫不费力就可以超越一切，游刃有余、举轻若重、大巧似拙；以及一切尽为其掌控和支配的神性旨意（supreme volition），永恒不变地统治着尘世。这种静穆的永恒是上帝神性秩序的重要组成部分。而作为上帝的造物，人类自身尽管十分有限，但依然分享了造物主的些许神性；尽管无法完全获取神性，却依然心向往之；尽管自身只是暂时和多变的存在，但依然渴望恒久、不变、稳定与安宁。因此，易变的人类在自然界中看到这些静穆范式体现时，就会感到愉悦，在自身创造的艺术作品中，也会努力模仿和呈现这一范式。这就是人类尊重上帝这种类型美范式，并忠实追随它的例证。由于浓厚宗教思想的影响，罗斯金时刻意识到人类自身的不完美、多变与有限，并对上述特点的负面影响感到无比痛心。他追求上述那种静穆、永恒与安宁，是顺理成章的。约翰·罗森博格（John Rosenberg）就曾指出："在艺术和生活中，他［罗斯金］对于蕴含着不变与遥远性的美最为动容。"①这里的不变暗示出罗斯金所谓的永恒，而这里的遥远似乎暗指那神圣天国的伊甸园。另一方面，对于表现出强烈、狂热情感以及充满无尽变化色彩的对象，罗斯金尽管也曾表现出些许钦羡，但这种范式却并非最能打动他。他所推崇的是将混乱与平静、变化与恒久、冲突与静穆等相互对立的极端完美结合起来的艺术形式，而在这种结合中，最终作为主导力量的都将是这几组对立中的

① Rosenberg, John D. *The Darkening Glass: A Portrait of Ruskin's Genius*, New York & London: Columbia University Press, 1961, p. 205.

后面一种。

进而，罗斯金又将静穆划分为外部世界无生命物体和有生命物体中分别体现的静穆。静穆在外部世界无生命物质中的体现，可能是一座山峰或一块巨大岩石中那种对永恒与无限性的质朴呈现，同时还可能伴随着大能景致与洪大声响那种使人镇静、催人入睡的效果，正所谓大象无形、大音希声。对于这种静穆性，所有人都能感觉到，但任何人都无法言明。罗斯金认为，只可意会不可言传的原因，在于人分享的部分神性使他们意会，但是自身的有限和缺陷使他们不可言传。

我们还记得在探讨统一性时，罗斯金举出了多样性和变化以作映衬。在这里讨论静穆时，他也举出了反面的运动、活力作为映衬，认为静穆和生命力构成了美的两个方面。静穆范式所显示的虽然是客体的静止状态，包含着对于平和、稳定和秩序的渴望与追求，但也暗示出一种可能的活力和潜在的变化。在凝神关照过程中，人类想象力从两方面开始运作，获得美感：抑或是为表面上迸发活力的事物赋予一种理想的稳定性，抑或是为表面上稳定不变的事物赋予一种理想的活动性。

在无生命物质中，静穆的作用是将该物质升华为暗示出生命的状态。而在静穆体现于有生命的物质中时，它的作用就是将这种尘世的生命力提升为神性的生命力，将尘世造物以自身意识为主导的生命提升为以信仰上帝为主导的生命。这种精神方面的静穆范式有多种表现。对于人类而言，它可能是对信念的不懈努力，可能是对律法的遵守与顺从，还可能是对诺言的重视与遵守。这些都是人类生命真实存在的道德保证。此处，罗斯金的宗教信仰与道德追求完美结合。另外，这种静穆还表现在人类对于上帝存在、其至美形式及其言语（即《圣经》）的无比信任。而这种神性的存在、至美慈爱及其言语都是基督教所谓的“天道”（dispensation）的体现。[1]罗斯金举出颇多例证来解释所谓静穆。这种精神上的美德体现在温泉关大战中三百名斯巴达勇士对于自身命运的从容接受；体现在年幼的孩童对天父的仁慈给予怀有极大愉悦与信念；体现在群民对深受爱戴的君王的服从；体现在摩西在率领以色列部众逃离埃及时在红海岸边对他们所说的：“不要惧怕，只管站住！看耶和华今天向你们所要施行的救恩。”（Stand still and see the salvation of God.）[2]这种静穆是一种冷静沉着、泰然自若，是发自内心的祥和与宁静。这种静穆在宗教的层面，体现了人类对上帝的无比信赖与顺从，相信他时刻伴随在自己身边，而且最终还可以得到他的救赎。在道德方面，这种范式表现为一种克己自制、谦逊恭顺的美德，同时又传达出一种强烈信念与美好愿望。罗斯金认为，人类追求静穆性的过程，也是摒弃了任何低贱卑劣，拥抱慈爱与伟大，逐渐接近上帝的过程。这是因为，“所有智慧的道路都是平安与静穆”。[All her（wisdom）paths are peace.][3]

除上述体现在自然界万物和人类精神追求方面之外，这种静穆还应如实反映在艺术创作中。罗斯金曾经说过：“在所有能够进行自律的头脑中，对外在世界静穆范式的追求是最为强烈、最为高尚的渴望了。在讨论无限性时，我的用词曾十分谨慎，但在这里探讨静穆时，我却要大胆声明：任何艺术作品如果对静穆范式无所呈现，就都不可能成为杰

---

① 根据基督教传统，天道常常指上帝将善与恶分发给人类，或者在更加普遍的意义上来说是他对整个世界的管理行为与管理模式。在圣经中，“天道”一词与表示“命令、指令”的“commission”可以替换使用。在这里罗斯金指的是，精神上的静穆是人类遵循上帝旨意所表现出的典型美范式。

② Exodus 14：13，*The New Oxford Annotated Bible with Apocrypha*：*New Revised Standard Version*，New York：Oxford University Press；4th edition March 19，2010，p. 102.

③ Proverbs 3：17，*The New Oxford Annotated Bible with Apocrypha*：*New Revised Standard Version*，New York：Oxford University Press；4th edition March 19，2010，p. 900.

图 6：The Crossing of the Red Sea by Nicolas Poussin（尼古拉斯·普桑画作《渡过红海》：1633–1634）

作。艺术作品都要在对静穆范式的呈现中成就其伟大。"[1]建筑、音乐、表演、舞蹈等艺术是否能够成功也都取决于对这种静穆范式的呈现。这种呈现是检验艺术作品是否为美的最可靠标准。通过艺术作品中对静穆范式的呈现，我们可以体悟创造者的高尚与尊严。因此，罗斯金始终认为，艺术作品应该呈现出宁静、祥和，不应暗示出任何狂热情感，也不应具有任何暴力倾向。

在这一部分，罗斯金还引用了自己最喜爱的浪漫主义诗人威廉·华兹华斯（William Wordsworth：1770-1850）的诗句《远足》（*Excursion*）。这些诗句恰恰印证了他对静穆的定义：神性的永恒存在。在这里，我们引作此部分结句：

> 希求静穆的普遍本能，
> 追求安宁的坚定渴望，
> 无论是在内心，还是外显，
> 都是谦卑的表现，却依然高尚，
> 希望与记忆溶为一体的生命，
> 尘世静默无声，依然如故，
> 人类的灵魂亦保持泰然与自制，
> 就在那片静穆之中，你凝神观照：
> 上帝的天国就此显现。[2]

① Ruskin, John. *Modern Painters*, New York: Merrill & Baker, 1897, Vol. II, p. 8.

② Ruskin, John. *Modern Painters*, New York: Merrill & Baker, 1897, Vol. II, p. 67.

5. 纯粹性：神性的能量之源（Purity：Divine Energy）

罗斯金将纯粹性称为神性的能量，主要阐释这种美的范式在光亮和色彩中的体现。他首先指出，只有弥散无限（而不是局部呈点状的）、静穆平和（而不是令人震惊和多变的）、纯粹洁净的（而不是被玷污或受到压抑的）光才具有美的普遍性质，才会令人感到愉悦，并且是完美、典型的神性之所在。在所有神性本质中，光纯粹性是可见性最强、最为明显的性质。这里，罗斯金将光与上帝联系在一起，认为光积蓄着来自上帝的神圣能量。考虑到这位学者浓厚的宗教信仰，这种解读并不牵强。中世纪的新柏拉图主义代表普拉提诺也是如此。基督教徒向来有将上帝比作光的传统，将其视为照亮黑暗和摒弃邪恶的象征。在有光的地方，黑暗会消失得无影无踪，邪恶也会被彻底推翻。在《圣经》中，我们随处可见“上帝是光，于他，毫无黑暗”（God is light，and in Him is no darkness at all）之类的语句。①对于这种神性之光，人类存有一种本能的热爱与向往。除宗教意义之外，罗斯金还给光赋予了很多道德内涵，认为它象征着纯洁、真理、知识、温暖、富足和幸福。此外，光四处弥漫的特征也体现出了无限美。光还具有节制的某种特殊而神圣的能量，暗示出宁静平和的氛围。

可见，罗斯金借解读光的契机，将前面讨论过的无限性和静穆这两种范式都联系在一起，进而引出纯粹性这一范式。可以说，他所谓的纯粹性正如《圣经》中“光”的意象一样，包含了多层含义，例如光明、健康、正义、智慧、真理、生命力、充盈，而这种纯粹性的对立因素则包括：黑暗、衰败、邪恶、愚昧、虚假、堕落、脆弱、死亡、沉积与停滞。

---

① *John* 1：5（p. 1008）of *The Holy Bible*（American Standard Version）.

在绘画美学中，罗斯金常常将光与色相提并论。在此，他又将光的独特性质——纯粹性与色彩紧密联系起来。在《近代画家》第五卷中，他指出，“色彩是物质美中使人身心都得到净化、逐渐趋于纯粹，并走向圣洁的因素。”① “色彩促使人的心灵走向圣洁，与纯粹性和生命力不可分割。”②在第四卷中，他也曾强调“色彩的神圣性”（sacredness of color）。③从这种对于色彩的关注，也可看出他身上浓厚的福音派信仰影响。因为，在他熟悉的《旧约》中，上帝针对会幕的建造提出了很多严苛的要求，其中就包括对于色彩的使用——“所要收的礼物，就是金、银、铜，蓝色、紫色、朱红色线”。④ 人类钟爱色彩的纯粹性，正是因为它充分体现了上帝在所有活生生事物中的恒久呈现。与这种纯粹性相反，肮脏、污秽和邪恶只能暗示出紊乱和衰败的性相，使人感到痛苦。这种不快的原因在于违背了该事物曾经获得的来自上帝的神性支撑。人类作为上帝的造物，自然会对这种神性的消逝感到不快。

此外，这种纯粹性亦是精神性与道德美德的充分体现。每一个健康、充满活力的生物体（包括动物和人）在精神方面都焕发着由上帝所赋予的新鲜和纯粹性。相反，生物体身体若出现肮脏、污秽与邪恶等特征则反映出其精神上的懒散呆滞、缺乏生气、堕落贬降等性质。无生命客体虽然本身没有活力，但如若具有了纯粹或新鲜的性质，也宛如焕发出一种积极向上的精神，仿佛立刻获得了生命，像被浇灌了“从上帝和

---

① Ruskin, John. *Modern Painters*, New York: Merrill & Baker, 1897, Vol. V, p. 320. “Color, is the purifying or sanctifying element of material beauty.”

② Ruskin, John. *Modern Painters*, New York: Merrill & Baker, 1897, Vol. V, p. 319. “Color is the great sanctifying element of visible beauty inseparably connected with purity and life.”

③ Ruskin, John. *Modern Painters*, New York: Merrill & Baker, 1897, Vol. IV, p. 68.

④ Exodus 25: 3-4, *The New Oxford Annotated Bible with Apocrypha: New Revised Standard Version*, New York: Oxford University Press; 4th edition March 19, 2010, p. 117.

羔羊的王冕中流溢出来的明亮如水晶的神圣生命之水一样”。[①]在观照这样的客体时，人类会感到无比愉悦，因为他体悟了道德之美。

就具体艺术作品而言，色彩的纯粹性在于照射在这种色彩上的光线带来的充分活力。罗斯金指出，明亮、洁净和强烈的色彩表现会充分体现纯粹性之美，例如中世纪基督教绘画中对于红色、金色和紫色的运用，以及他所推崇的特纳（J. M. W. Turner）在《运奴船》（The Slave Ship）和《拿破仑》（Napoleon）等画作中对光影和色彩的运用等。基于这种重要性，他在艺术家对色彩和光影的运用方面提出了较为严格的要求，对任何暗示衰败或紊乱性相等不纯粹视觉效果的作品都极为不齿。在人体画方面，他认为艺术家若想呈现出最美的皮肤，不能选用透明的白色或粉色，而要使用半透明的平滑色调。

6. 适度性：道德律管辖（Moderation：Government by Law）

综上所述，在纯粹性这一类型美范式中，罗斯金探讨的是艺术作品中光影与色彩的运用，其出发点依然带有深刻的宗教色彩。这是一种来自上帝的，体现恒久、静穆和纯净等性质的类型美范式。

罗斯金所讨论的最后一个类型美范式是适度性，即神圣的道德律管辖。他之所以将这种类型美范式放在最后，是因为它是上述五种类型美范式的保障和“腰带”（the girdle and safeguard of all the rest）。在这里，腰带既是力量与保护的象征，又是约束的象征。在罗斯金宗教思想的来源《圣经》中，“腰带”（girdle）一词与“环带”（sash）、“皮带”（belt）、“绞索”（bowstring）等词是交替使用的。[②]这个词背后的适度和

---

① *Revelation* 22：2，*The New Oxford Annotated Bible with Apocrypha*：*New Revised Standard Version*，New York：Oxford University Press；4th edition March 19，2010，p. 2179.

② *Job* 12：18（p. 516），*Job* 12：21（p. 516），*Job* 30：11（p. 526）of *The Holy Bible*（American Standard Version）. *Isaiah* 22：21（p. 670），*Isaiah* 45：5（p. 689）of *The Holy Bible*（American Standard Version）.

图7：The Slave Ship by J. M. W.Turner（特纳画作《运奴船》：1840）

律法含义在上帝身上得到了充分体现。尽管作为宇宙的造物者，上帝可以独断专行，随心所欲地采取任何突兀极端的行动，也有能力前后行事不一致，但这一万能造物主却自我克制，始终如一地监管着世间万物。这种神圣的自我克制与自由行事的结合就被称为适度性。罗斯金认为，这种始终如一的管理模式正是上帝神圣立法的体现。从上帝的角度来看，这种性质是一种神圣的自由，而从我们作为上帝造物的视角来说，这种性质是克制、约束和律法的体现。在这里，罗斯金借用16世纪颇有影响的英国圣公会牧师和神学家理查德·胡克（Richard Hooker）的话指出："上帝的存在本身对于其造物而言就是律法。"[①]

反过来，世间万物应具有一种乐于服从上帝律法的自在自得情绪：既可以自由行动，又不会放任自流、丝毫不受道德准则之约束；既乐于受到上帝律法的监管，又不至于感到桎梏和羁绊。正好似孔子提出的，"从心所欲，不逾矩"。只不过在孔子那里，"矩"指的是道德律法，而在罗斯金那里，"矩"是指上帝的律法。有两种情况都严重违背了上帝的律法。造物由于桎梏和过度约束而产生痛感，毫无自在自得可言。或者，造物自身随心所欲，不受任何监管力量的约束，最终导致对自己和他人造成伤害。过犹不及，过度的压制束缚与过度的自由放任一样，都是邪恶丑陋的标志，完全违背上帝神性，在人类眼中自然不可能是美的。上帝律法对于客观事物的监管应该既体现出其无所不在的力量，又赋予监管对象某种程度上的自由；既是威严、无情的掌控，又是仁慈、关爱的化身。而客观事物恰恰就在这种限制与自由的中和（适度）中感到愉悦，并呈现出一种适度美。

人类对于上帝律法的虔心服从和在这种服从中获得的自由与愉悦，

① Hooker, Richard. *Of the Lawes of Ecclesiastical Politie*, London: William Stansbye, 1639, p. 58.

与亚里士多德在《尼各马科伦理学》中所强调的“中庸之道”(the Doctrine of the Mean),即美德上的适度性有异曲同工之妙。[①]亚里士多德在讨论何为美德时,曾经说过:“德性处理情感和行动,处理得过度是错,处理得不及,要被谴责,唯有适中是对,才会得到称赞——那么,德性就必定是一种志在求适中的中道。”[②]“我们必须注意,过度与不及,均足以败坏德性……惟有适度可以产生、增进、保持体力和健康,节制、勇敢及其他的道性,也正是这样。”他总结道:“德性应以中道为目的。过度和不及乃是恶行的特征,适度则是美德的特征。”[③]例如,勇敢是中庸,因此是美德;而过分勇敢是鲁莽,缺乏勇气是怯懦,二者都是恶行;在金钱方面,取与舍的中庸之道是乐施,过度与不及则分别是挥霍与吝啬。罗斯金对于这一理论非常推崇,只不过他更强调人类在自身道德律法管辖之下,所表现出的各种自律自制的美德。而这种人类道德律法的源头是上帝的律法。

为了遵循上帝造物的律法,也是为了遵守自身道德律法的管辖,人类创造的艺术作品必须具有这种适度性之美。在艺术作品中,它是最不可或缺的类型美范式。罗斯金的态度十分坚决。他指出,某一艺术作品若缺乏对称、统一或其他类型美范式,也许还有可能拥有某种程度的美,但若是缺乏了适度性(即适当的节制),必然会表现出一种令人不快的剧烈情绪或过分夸大的感觉。这种感觉必将色彩、形式、语言或思

---

① Aristotle, *Nicomachean Ethics*, Indianapolis/Cambridge: Hackett Publishing Company, Inc., 1999, p. 27.

② Aristotle, *Nicomachean Ethics*, Indianapolis/Cambridge: Hackett Publishing Company, Inc., 1999, p. 30.

③ Aristotle, *Nicomachean Ethics*, Indianapolis/Cambridge: Hackett Publishing Company, Inc., 1999, p. 25.

想方面的任何一种美的要素都破坏殆尽。譬如在艺术创作中，过度用色会导致太过刺眼的炫目，过于标新立异的形式会导致粗俗不雅，过于花哨繁琐的语言给人带来鄙俗低劣之感。这些形式上的过度都如同不受管制的思想一样，会造成毁灭性后果。散漫放荡（the loose）、不遵守律法监管（the lawless）、言过其实（the exaggerated）、目空一切（the insolent）、粗碎污秽（the profane）的现象都会令人不快，[1]因为这些紊乱性相皆悖逆了上帝律法，远离了其神性，也违背了人类自身的道德律法，不合伦理规范。与此相对，具有中庸美德的事物不管是在道德上，还是在艺术创作方面都具有很大的优越性（the moral and artistic superiority of moderate things）。

综上所述，罗斯金对于适度性的讨论依然从上帝出发。在这里我们也可以看出他对人类道德律法的强调。前面我们曾说过，在他的美学思想中，对于上帝的强烈信仰和人类道德修养的关注这两方面始终占有主导地位。

三、小结

罗斯金分别探讨了上述六种类型美范式，最后又对它们之间的关系进行了探讨。另外，他还论述了人类该如何用艺术再现这些范式，以此表现人类作为上帝造物的内在价值与无上荣耀。要想正确理解他的这些范式，必须从上帝那里出发，因为它们都是所谓上帝神性的体现，是上帝对于万物的完美创造，也是其形象在其造物身上所留下的神性烙印。用罗斯金的话来说，具有类型美的世间万物都分享了他的某些神性，体现出其无所不在、无所不能的荣耀与美。同样作为上帝的一种造物，人

① Ruskin, John. *Modern Painters*, New York: Merrill & Baker, 1897, Vol. II, p. 85.

类在看待山水花草等同为上帝造物的客体时，决不能自大地将自身作为标准，评判这些事物是否具有美的价值，更不能根据这些事物能否符合自身的功利化追求来判断它们是否为美。换句话说，人类不是评判万物类型美的圭臬，也不能将后者视为迎合自身功利性需要的事物。在展现类型美的事物中，丝毫不需要人类的介入。

不过，人类在凝照这些类型美的范式时，上帝那种仁慈法则在万物中不同程度的显现都会使他的内心泛起涟漪。他的全部身心和精神会为之振奋，同时会激起追求这种神性美的愿望。他会试图用各种办法留住这种美，并且自己动手对其进行再现，尽管不可能达到完美，也会不断尝试。于是，他会自己创作艺术作品，来模仿和再现上帝的类型美范式。这一事实表明：第一，与低级生物相比，人类拥有观照美的能力。可以说，能够从类型美中获得美感正是将我们与其他生物区分开来的一个典型特征。第二，这种观照能力常常使人类怀有一种希望，相信自己最终能够与上帝达到一种深邃、亲密、有意识的“交感”（communion）。考虑到罗斯金这一时期浓厚的福音派信仰，他所谓的这种交感意思是，人类得到上帝的救赎，寻回重归天堂的道路，与天父进行面对面的交流。而从道德方面看，这种交感亦可理解为人类遵循道德律法，服从上帝的安排，最终成为有限救赎中的极少数选民。

总而言之，对罗斯金而言，类型美是一种普遍恒久的神性秩序。这些类型美范式就是我们对上帝怀有感恩之情的根源，是我们对他怀有坚强信念的支柱，也是我们对未来生活怀有希望的理由。在这个类型美体系中，他竭力排除着任何紊乱、有限、剧烈的因素，也不允许人类的主观情绪和世俗功利追求玷污这片圣土。另外，在以上论述中，虽然有很多地方可以推衍出侧重人类主观情感的崇高范畴，他却有意避免这一点。譬如，在论述无限性时，尽管可以很自然地将话题引向无限性给人崇高感的论述，他却小心翼翼尽力回避，只将无限与自然界中的变化、渐变现象联系起来。在之后对统一性的论述中，他又将这种变化囊括在一种包容一切、主导一切的宇宙秩序中，似乎企图消除与人类有涉的善变、不定因素。在接下来关于纯粹性的探讨中，他也采取了这种方法，并没有从有关这种神性能量的论述引申出一系列关于伟大（grandeur）、庄严（awesome）、高雅（loftiness）、强烈（violent）、可怖（terrific）、广袤无垠（vast）等崇高性相的讨论，而是始终强调一种静穆、温和、宁静、有节制的美。

尽管在撰写《近代画家》第二卷时罗斯金保持着坚定的福音派信仰，但此时他的思想也并非完全一致。譬如，我们即将对另一美的性相——活力美进行论述。从下面的论述可知，一方面，罗斯金依然强调上帝神性的重要性；另一方面，他已经开始关注上帝所赋予的万物的生命力、快乐精神与道德美德。这种性相的美是有生命力的事物所具有的美，侧重于美的主观表达，即客观事物（植物和动物）表现出的来自上帝的生命力的迸发与幸福愉悦精神。此外，在这种活力美中，罗斯金还强调了人类在上帝所赋予的生命力盈溢的状态下，道德价值的激荡以及道德观念的迸发等问题。

第三节 活力美：万物的主体回应和生命诠释

一、活力美（Vital Beauty）的含义

在讨论类型美之后，罗斯金提出了更侧重主观情感表现的美的性相——活力美，即有生命的事物之美（the beauty of living things）。它是“有生命的事物自身职能的充分实现，以及它在这一过程中所表达的愉悦，尤其是人对于自身生命的愉悦感和适当的运用。”①他以阿尔卑斯山上一朵令人怜爱的小花为例，向我们说明了这种美的基本特征：

> 我已经在皑皑白雪的线条与渐变层次中领略过纯净、无瑕和高尚的类型美范例。如果在五月初，我们前往阿尔卑斯山地区，走向冰雪的边缘地带，几乎总会发现两、三个圆形小洞。在这些小洞中，我们会看到一株纤细脆弱、浑身散发着忧思的小花。它小巧玲珑、钟状花蕾的边缘处呈现深紫色，倒挂在被它奋力顶破的冰雪裂缝之中，微微颤抖着。看起来，一方面它仿佛还沉思于自己刚刚脱身的坟墓，显得疲惫不堪、奄奄一息，另一方面可以看到它在来之不易的胜利背后是生命的绽放。在冰天雪地中，这株小花给我们留下的可爱形象与周围死

① Ruskin, John. *Modern Painters*, New York: Merrill & Baker, 1897, Vol. II, p. 29. “And, secondarily, the appearance of felicitous fulfillment of function in living things, more especially of the joyful and right exertion of perfect life in man. And this kind of beauty I shall call vital beauty.”

气沉沉的冰雪以及飘浮的白云中给我们的感觉是全然不同的。它时而唤起我们的同情，时而为我们展现象征着某种道德目的与成就的形象。尽管这株小花是无意识、无感觉的，但任何倾听其心灵之音的人都会对其充满怜爱，凝视其芳姿的人也都满怀敬意。可以说，能够做到这一点的人，都已奏响心曲，头脑亦已净化清澈。

在世间的有机造物中，一切达到最佳状态的生物，都会展现出某种快乐表象或例证，而且在其生存的本质、存有的欲求、需要汲取的滋养、休养生息的特点等诸多方面，也都会彰显或表现出某些道德秉性或原则。首先，人类在所有有机生命体的快乐中都能感受到强烈的共鸣（无论是真实的，还是表面上的）。我们即将看到，这种共鸣总是会使人们根据从客体中感知到的快乐程度，判断出看起来最为快乐的事物必是最可爱的。其次，就道德意义的公正性而言，人类可以正确解读上帝意图通过这些事物向我们传达的教诲，并根据这些教诲的等级和本质，对事物的价值与美进行分类。不管是将它们作为反面训诫还是正面范例；不管是那些翻滚的，还是翱翔的；不管是革尼撒勒湖边被魔鬼追逐的猪①，还是返回诺亚方舟歇脚的鸽子②。我是说，只有正确接受和读懂了所有这些生物，才是高贵观照能力的最终最完美境界。我们在讨论类型美时只对这种观照能力进行了部分的叙述，而只有在活力美中，这种能力才

① *Matthew* 14：34（p. 904）of *The Holy Bible*（American Standard Version）.

② *Genesis* 9：6-12（p. 11）of *The Holy Bible*（American Standard Version）.

能够得到充分的确立。[1]

通过这如散文般的叙述，罗斯金指出，人类从有机体中感悟活力美的过程可以分为以下两个层次。

首先，通过运用同情心，我们可以在所有表现出生命力和幸福感的有机体中获得强烈共鸣，并认为在我们看来最快乐的事物就是最可爱的。同时我们还感到，能够带来这种感觉的生物体都具有最美丽的形式，绽放最伟大的生命力，并能够以最快的速度、最大程度地传达愉悦感。其次，追溯到较为深层的道德价值层面，若是能够理解上帝通过世间万物对人类所做的训诫，例如理解物象表现出的坚韧、勇敢、无畏、勤劳等美德，并按照他的安排，根据万物所表现的美的不同价值和不同等级将它们划分为不同种类，并一一解读，那么我们就具备了感悟这种活力美的能力。

具体而言，罗斯金认为，在凝神观照客体的生命力之美时，人类首先要怀有一颗丝毫不掺杂私利的善心。只有在对其他事物产生共鸣，并能够积极运用同情心与慈爱之情时，我们距离上帝才会越来越近。归根结底，这种能力是源于上帝，其精髓也只有在上帝身上才能得到充分体现，而作为上帝的造物，人类只从他那里分享了这种能力的一部分。尽管这种同情与慈爱看起来很平常，但却只有心智机能运行正常、道德观念健全高尚的人才能具有。罗斯金认为：“同情是对其他事物本质的想象性理解，以及设身处地为他们（它们）着想的能力。人们在同情心作用下，会对生命体所表现的愉悦和幸福感产生共鸣。而美德正是建立在

---

① Ruskin, John. *Modern Painters*, Vol. II, New York: Merrill & Baker, 1897, pp. 89-90.

同情基础之上。”[①]从这里也可以看出，罗斯金认为，审美活动丝毫不掺杂任何自身利益，是无利害（disinterestedness）、非功利性的。要想感悟活力美，就必须怀有悲天悯人的情怀，对世间万物进行丝毫不掺杂私利的无利害观照。

对世间万物怀有同情与慈爱，其实是基督教的最基本要旨。罗斯金对这点十分强调再次印证了宗教观念在其美学思想中的重要性。在路加福音书中，基督有如下教导：“你要尽心、尽性、尽力、尽意爱主你的神；又要爱邻舍如同自己。”[②]这里所说的邻舍既包括人类同胞，还应该包括世间其他的生命体。如果一个人不爱上帝，不爱自己的同胞，就不可能会爱他脚下的那片草地，头顶的那抹白云，更不可能会爱那些在宇宙中他所不需要的广大空间中所生存着的事物。那些生物本就不是为了他而存在的。反过来说，如果一个人不爱大自然的山川河流，不爱其他与他呼吸同样空气的动植物，那么也不可能爱上帝和自己的同类。在圣徒阿西西的圣弗朗西斯（St. Francis of Assisi）眼中，世界上没有鸟儿、蝉儿或狼兽之分，所有生物都是他的兄弟。在《古舟子咏》（The Rime of the Ancient Mariner）中，柯勒律治（Samuel Taylor Coleridge）也表达了强烈感慨，指出人类应该爱护和同情世界上其他的生命。因为残忍地杀掉了象征着基督之魂的信天翁（albatross）之后，船上的水手都遭到了上天的严厉惩罚。虽然这个故事实为虚构，带有浓厚的基督教背景，但是暴殄天物所导致自食恶果的事例直到现代都是屡见不鲜的。从国人对穿山甲的滥捕滥杀到日本肆无忌惮、极端血腥的捕鲸产业，这种恶行

---

① Ruskin, John. *Fors Clavigera*, New York: Bryan, Taylor & Company, 1894, Vol. 2, p. 79.

② Luke 10: 27, *The New Oxford Annotated Bible with Apocrypha: New Revised Standard Version*, New York: Oxford University Press; 4th edition March 19, 2010, p. 1851.

可以说比比皆是。罗斯金特别钟爱的浪漫主义诗人威廉·华兹华斯的诗句十分贴切地强调了热爱和同情世间万物的重要性。在《鹿跳泉》的最后两句，他说："永远不要将我们的快感或得意建立在即使是最低微生物的痛苦之上。"①如果对世间万物没有丝毫怜悯心，那就绝不可能洞察和体悟万物所显现出的活力美，甚至还会变本加厉、残忍地破坏虐待它们。

此处需要指出，罗斯金对美这一术语的使用既包含美感（即一种无关利害的愉悦感），又指物象中可以使人获得这种愉悦感的特定性质。观赏者只有通过同情与共鸣，用非功利性、无关利害的方式才能体悟物象在愉悦感中显现的活力美，并参与分享它们的幸福。这种无关自身利害的愉悦正是美感的源泉。在凝神观照物象的活力美时，我们要在一刹那进入对象的情感世界，并将其愉悦和幸福感都当作属于自己的，才能更加贴切地体悟这种幸福。

其次，物象的活力美能够给人以道德启迪，能完善他们的伦理水平。因此对于活力美的感知还需要人类充分领悟物象所体现的道德意蕴。这也呼应了前文所论述的罗斯金与唯美主义运动的矛盾之处。他一如既往地将美与道德结合在一起。他说，通过运用同情心，我们往往可以从植物或动物的美中体悟某些道德美德，例如：坚忍、顽强、努力、迅猛、敏锐等，并将它们投射到自己身上。例如，中国古代文人墨客喜欢赞赏的"岁寒三友"等。对于这些道德美德的领悟会使我们确信这些生物中充分体现的上帝旨意，从而也会加深我们自身对这些美德的追求。这一深层的道德意蕴与最初的同情心的运用是相辅相成的，如果没

① "Never to blend our pleasure or our pride with sorrow of the meanest thing that feels." —*Hart-leap Well*

有运用同情心，就领悟不到物象的道德美德。如果对于这种美德根本无动于衷，那就证明在对物象进行观照时一定没有运用同情心。这是一种机能缺陷。由于后面还要分析这一点，在此便不做赘述。

二、动植物的活力美

1. 植物的活力美

（1）总论

上面已经说过，罗斯金指出，我们应该对世间万物怀有同情与仁爱之情。这主要指，在看到万物处于快乐幸福状态时，我们自身会获得愉悦，并希望它们保持这种状态或亲自动手赋予它们这种状态。如果压根感知不到万物的快乐与幸福，我们更不会渴望赋予它们这种感受，在看到处于这种愉悦状态时自然也不会感到美和愉悦。

以植物为例，一株玫瑰花的叶子和根茎似乎始终不懈地各司其责，共同努力绽放着这株植物的生命力。它们履行这种职责只是为了这株植物自身的利益，只是为了使其能够更好地享受上帝赋予的这种生命力。在凝神观照这株客体时，我们看到它身上每一片对称的树叶、每一节光滑的杆茎、每一枝嫩芽上都呈现出绿油油的色彩。这使我们意识到它的生命源于上帝的恩惠。我们会将这种生命力视为该植物被上帝赋予生命后自身的幸福、愉悦和完美的动态存在。这一切对于我们来说虽无任何功利性用途，但如果满怀同情和喜爱，我们就可以从中感受愉悦。相反，如果看到这株植物的某片树叶出现枯萎、干瘪，或是被虫咬出了小洞，我们会感到痛苦。实际上，这并不是因为这片树叶伤害了我们自身，而是因为我们运用同情心感到，这种枯萎、干瘪或病变虫害明显伤害了这株植物，并向我们传达出它正在遭受痛苦，生命力走向枯萎的信息。正是这些信息使我们不快，从而得出这一客体很丑的判断。同理，在看到与其生命力相悖、显现出它走向衰败凋零的现象时，例如凸节、疙瘩、擦伤等，我们从它身上获得的愉悦感亦会减少。可以说，每一个有机生命体给人们带来的愉悦都是与它自身表现出的健康精神和充盈生命力成正比的。换句话说，生命体涌动的积极向上的生命力越强，给人带来的愉悦感就越多，人们从中收获的美也越多。

如上所述，在对植物进行审美性的凝神观照时，人类需要运用同情心，丝毫不掺杂私欲或任何关乎自身的功利性情绪，才能从它身上领悟愉悦，而绝不能考虑这种植物能够为我们带来多少好处。例如，在欣赏树木时，不能想到它能用作木材、建造房屋；在观看蜜蜂时，也不能想到它能酿出香醇的蜜，可以自用或售卖。看到一根弯曲树干在瀑布上方随风摇颤，我们会感受到它的快乐。这仅仅是因为它自身散发的生命力，而不是因为它与我们会有什么相干，对我们有什么用处。如果将这一树干砍下当作桥梁，搭在激流之上，那么此时它对于人类虽说会变得有用，助我们渡河，但同时永远失去了自身的美，因为这时它的生命早已逝去，不再是为它自身所生存的生命，更不是履行上帝赋予职责的生命，而是沦为服务于另一事物（人类）的附庸。更有甚者，如果对这一树干进一步加工，例如锯成木板，尽管它会变成对人类来说更有用的，用做建筑板材、造船材料、梯子等，但它也永远失去了美。这一点再次回应了罗斯金之前严厉抨击的“美即有用”观点。

除了将植物看作服务于人类的附庸这种功利性目的外，将其视为服从于自身之外的任何目的，都会使它的美消失殆尽。中国当代美学家朱光潜就曾经指出三种看待古松的态度：审美态度、科学态度、实用态度。这一观点与罗斯金此处的看法一致。植物学家在观看植物时，往往会关注于其品种、生活习性、生长环境、湿度土壤、开花结果等问题，目的是将该植物作为范本进行科学研究。但是，在这种科学态度下，植物的美荡然无存。实际上，这种科学态度，偏离了物象本身的审美价值，认为它的存在只为人类服务。又如，某棵植物的叶子可以分解碳酸，为人类提供赖以生存的氧气，而人类常常只将其视为服务于自身的工具，并炮制出“制氧机”“大自然氧吧”等名词。这种实用态度犯了同样的错误，将人类的功利性目的强加于自然界事物之上。因此，如果被上述两种态度所支配，我们往往感悟不到物象本身的快乐生命，审美态度也变得不纯粹，无法充分理解它所迸发的充盈生命力之美。因此，在进行审美观照时，绝不能掺杂希求通过客体达到利己目的的动机。

除了观照植物身上充盈的生命力可以获得美感外，若理解了其体现的道德美德，那么就可以体悟更加深刻的活力美。正如之前提到的那朵在冰天雪地中努力探出缝隙绽放的小花一样，它身上传达出的那股不畏艰险、勇敢坚强，在逆境中为自身生命努力绽放的精神会令所有人为之动容。尽管此时，这株小花的生命力遭遇了挫折与不幸，但正是在这种不利条件的映衬下，我们才更深切地体会到它生命力的可贵。同时，运用同情心将这一精神投射到自己身上，我们就可以根据自身的道德伦理判断得出结论，如果人拥有了这种不畏艰险和困苦、积极向上的生命力，那他一定会更具美的精神。

（2）最大活力美的体现

罗斯金进一步指出，在同属于某一种类的植物中，总有一株能够体现出最大程度的活力美。换句话说，总有一株理想的植株能够较为充分履行上帝赋予这类植物的职责和功能，并能够在这一过程中充分体现其灼灼的生命力、幸福感和愉悦精神。而人类也能够在对这一植株的幸福感和愉悦的观照中体悟到最大程度的活力美。

由于自身无法移动，更没有意志或主动性，因此在多数情况下，植物都被人类种植在很多不利的生存环境中，满足各种各样的目的。例如：人们往往会为了获得绿荫、凉爽，美化环境，缓解风沙或水土流失，而栽种植物。他们不会考虑植物本身在某种自然环境中是否会感到舒适，或者那种环境是否有利于其生存。而在遇到自然灾害时，植物又不能像动物一样自由选择或变换生存环境。身处逆境，它不得不努力地伸展枝杈，呼吸空气，争取获得阳光的照射，不得不在贫瘠的土壤中努力汲取营养，不得不在岩石沟壑中冒出嫩芽、绽放花朵。以橡树为例，在山岩绝壁上生长的植株较为矮小、贫弱，枝叶也较为稀松。在岩石的挤压和阻力中，通常长得歪斜稀疏，但在与自然环境抗争的顽强生命力中，它充分体现了上帝所赋予的功用与职责。它耐心等待、努力坚持，以期获得生长所需的阳光雨露，绽放充盈的生命力。与这种山间橡树相比，人们为了观赏而在公园里栽种的橡树，植株高大，直立挺拔，枝繁叶茂。尽管从外形上来说，后一种橡树更加美丽，但是它在顺境中所体现出的生命力却比不上山间橡树在逆境中的生命力那样强烈、丰富。如果人类介入山间橡树的艰难生活，将其从阻碍生长的岩石中移出，植入肥沃的土壤中，保持适宜它生存的温度和湿度，定时为它除去所有对其生长构成威胁的因素，例如病虫害等，那么我们固然会得到一株高大茂密的橡树，构造细腻，枝叶繁盛，但它身上却再也不会体现出对于上帝所赋予职能的充分履行，以及在履行过程中获得的幸福和快乐。曾经拥有的那种与自然环境抗争的道德美德也会消失得无影无踪。

罗斯金指出，从某种意义上说，上帝造橡树的目的就是为了让其生长在其他植物很少能够生长的场所，因此他早已赋予它一种勇气、坚忍、力量和在逆境中坚忍不拔的美德。因此它的活力美就应该体现在孤零零、被人遗忘的角落里，体现在它努力抗争的生命力中，而不是在贪婪的自我享受和庸碌无为的生命中，更不是在以牺牲其他事物为前提的自我繁盛之中。

2. 动物的活力美

（1）总论

由于植物常年处于静止状态，不能自由移动，不具有动物或人那样的自由意志，因此显现出的愉悦和幸福很有限，其生命力的释放也较为含蓄、较为安静。我们对植物产生同情与爱意的出发点更多是来源于自身的想象，而不是设身处地的实际体验。它们对于我们所表达的同情与爱意也并不敏感，不易受到感染或影响。相比之下，动物身上所体现的快乐精神与灼灼的生命力更为明显、更生动逼真。这是因为动物和我们一样，都是可以自由移动的生命体，拥有比植物大得多的自由。我们对于动物身上的幸福感和生命力的领悟更多地来源于自身的经验，对于其痛苦与受伤等现象的理解也由于自身具有相似的行动性和意志，而更为恰当和贴切。

例如：动物身上的伤疤、苦痛和畸形等现象与它本应该拥有的轻松自如和健康幸福状态截然相反。因此，在看到动物由于痛苦而抽搐、痉挛、流血或呈现出病态时，我们的同情心会被激起，立即就会设身处地地想到如果自己身处这种状态，那一定会非常痛苦。这样，原本应该来源于动物鲜活生命力的美感就会荡然无存，丑就会即刻显现。在这方面，我们对于植物和动物活力美的看法是有区别的。在看到植物身上长有某种畸形或凸起不寻常小包时，有时我们会感到有趣、好玩（当然这种情绪并不是审美性的）。但是，动物身上类似的非正常现象只会传达出痛感，使我们感到可怖。这是因为与植物相比，动物和人类更加相像。我们看到动物的病态体征，会自然地联想到如果自己身上也出现这种病变，那一定令人不寒而栗，因此会感到极大的不快，自然更无从获得美感了。

与植物相同，在对动物进行审美观照时，我们必须无关利害地运用自己的同情和爱意，决不能怀有任何功利性目的。在观赏狮虎时，不能想到贩卖它们的兽皮可以谋求暴利；在看到大雁成群飞起时，不能想到它们的肉质非常鲜美；在欣赏猴子灵巧自如的动作时，不能想到它可以为我们带来娱乐；在面对貂光滑柔软的皮毛时，不能想到它可以制成美观舒适的貂皮大衣。这是因为，在这类功利性的目的下，世界上其他生物完全沦为了人类生活的附庸品。这种做法极其冷酷自私，违背了上帝创世的本意。

正如朱光潜所指出的科学态度，若对动物的骨架结构、身体机制的精巧构造进行科学解剖或理智分析，我们也丝毫不会从中感受到它身上的愉悦和健康感。例如，鲨鱼在瞬时运动时，背鳍会与冲击波浪的鱼尾、跳跃的鱼体形成一个整体。我们只需要直觉就可以体悟到这一有机生命体的力量与活力美。但是如果用科学方法解剖鲨鱼的背鳍，我们会发现它的鳍刺由背部凹口的一个尖状物所支撑。如果认为这是上帝的精巧设计，我们似乎也会惊叹于其精巧，但最初那种无关利害的美感却会荡然无存。只有在这只背鳍与全身其他器官一道发挥作用，当我们看到自由自在、活力满满游动的鲨鱼时，我们才会感到真正的愉悦和美。因此，在审美过程中，也不能掺杂理智科学的分析。正如罗斯金之前所说，对于美的印象既不是耽于肉欲，也不是依靠理智进行的（the impressions of beauty……are neither sensual or intellectual）。①

此刻，罗斯金浓厚的宗教背景亦发挥了重要作用。他认为，将动物复杂精细的器官、韧带、肌肉、神经都隐藏起来，包裹在它们的躯体之内，同时又使我们体悟到动物整体的生命力之美实在是上帝的旨意，也正是他神性创造的结果。根据上帝的旨意，人肉眼能够看到的只是动物

① Ruskin, John. *Modern Painters*, New York: Merrill & Baker, 1897, Vol. II, p. 12.

的整体外形（暂时的存在），而不是显示出上帝神性存在的细节——创作手艺与具体技巧（动物身体内部构造）。因为作为他的有限造物，人只需要领悟上帝所赋予的神奇生命、灵魂与精神即可，而他造物的细节对于我们来说却是永远遥不可及、不可参透的知识。正如《圣经》所说："所见的是暂时的，所不见的是永远的。"①

另外，任何有机生命体都会向我们传达某种道德美德或精神，动物自然也不例外。这些道德价值都是神的旨意作为世间万物主导的例证。上帝赋予每种动物的职能会促使它们表现出不同情绪，采取不同的行为方式。通过观察这些行为，人们可以领悟它们身上的美德和不同程度的神性，例如勇敢、坚韧、勤劳、智慧、爱、耐心、忠贞、愉悦，等等。狮、虎、狼、豹散发出令人惊叹的勇猛力量；蜜蜂、浣熊展现出生存的智慧。这些动物表现出的美德越多，在我们看来就越高尚，领悟到的活力美就越多。在这里，我们也可以看到植物活力美与动物活力美之间的差别。由于植物没有自由移动的能力和意志力，因此其道德价值和道德美德的体现就不那么明显。换句话说，如果说在凝视植物时，人所获取的活力美更多地取决于植物的健康长势和年轻生命，那么在观照动物时，这种美则主要源于动物身上表现的道德价值。

更具体地说，如果对不同动物身上的同一个器官进行横向对比，可以发现，它对于不同动物的生命、活力和道德美德体现的作用也是不尽相同的，可以划分为不同等级。以眼睛这一器官为例，在大多数昆虫身上，都只是一个外在光学器官，不能表达机智敏感、勃勃生气、灵魂美

① 2 Corinthians 4：18，*The New Oxford Annotated Bible with Apocrypha*：*New Revised Standard Version*，New York：Oxford University Press；4th edition March 19，2010，p. 2030．"What can be seen is temporary，but what cannot be seen is eternal."

德，抑或是热烈的情感。可以说，这些低等动物的眼睛都并不具有活力美。在第二个等级——较低级动物身上，眼睛这种器官只表现出一种死尸般的凝视、空洞游离。例如猫头鹰和猫。而在第三等级的动物身上，例如鳄鱼和毒蛇，眼睛虽然表现出了生命力，但却传达出了一种强烈的恶意和狠毒。这种特征严重违背了上帝的慈爱下万物应拥有友爱精神的原则，自然不是美的。可见，罗斯金的美与道德品质始终不可割裂。在第四个等级的生物中，眼睛这个器官除了表现出恶意和狠毒之外，还透露出一丝狡黠和机敏。这种美德体现在隼、鹞之类的动物身上。与第三个等级动物相比，这级动物的眼睛器官表现出了更多的活力美。在第五个等级中，动物眼睛中的恶意进一步消失，表现出更多的宽广、包容和决心，例如老虎和鹰。而在第六个等级的动物中，眼睛这一器官已经完全没了恶意，表现出温和、谦让、可爱和愉悦，比如在羚羊、骆驼和牛等食草动物身上。抑或是，或多或少地表现出聪明机敏，例如在马和狗等动物身上。第七个等级亦即最高等级，就是人类的眼睛。在人类的眼睛中，既可以表现出聪明才智的运用，也可以透露温柔、爱意等道德美德。

虽然罗斯金对动物的上述划分比较牵强。关于不同动物等级的划分和论述与其说是来自科学的分析，不如说是一种哲学思辨，有时甚至有些繁琐。不过我们还是可以理解其核心观点：随着动物等级的渐次升高，眼睛器官中表达出的善良、爱意和聪明机智的因素就会越来越多，而拥有这种器官的动物所显露的活力美也就越多。作为有机生物体中的最高级动物，人类器官体现出的活力美是最高级别的。另外需要指出的是，与智慧上的聪明相比，道德上的善良慈爱传达的活力美更多。例如：如果人类表现出不怀好意的狡黠，那么与此相比，温顺无辜的羊羔会传达出更多的道德价值，表现出更多的活力美。

以此类推，通过不同动物身上的同一个器官进行横向比较，可以得出结论：随着动物级别由低向高进化，其身体器官中体现的仁爱、聪明才智也渐次增多，具有的活力美也越多。反过来说，在动物身上体现出活力美的地方，定然表现出了某种美德或智力上的价值。可以看出，罗斯金所谓的活力美性相与道德美德和道德价值密不可分。他说，动物身上体现的美德是上帝所赋予的，亦是动物作为上帝造物所具有的神性表现。因此，人类在凝神观照动物时，一定要领悟其传达的道德美德，并体悟上帝的神性，提高自身的道德修养和精神追求。

（2）最大活力美的体现

在论述某类植物中的体现出最高活力美的理想个体时，罗斯金曾经指出，与在人类悉心呵护下养尊处优的高大植株相比，那些在逆境中不畏艰难困苦、顽强生存的植株才真正表现出了较高程度的活力美。而动物的情况则有所不同。生活环境、年齿、进食渠道（野生或饲养）的不同，或是人为的介入（例如为动物提供更为丰富的食物或是创造更适宜其生存的环境）等因素尽管会使得同一动物的个体在大小、力量和颜色方面存在一些差异，但在这一类动物的所有健全个体中，大多数的全部力量和特质都可得到充分发展，都可作为体现出最高程度活力美的理想个体。例如：在一群鱼中，我们很难找出一个绝对出类拔萃、发育良好的个体。因为在这群鱼中，大多数个体都表现出这种性质，它们也都能够充分履行上帝所赋予的职能，并将这一过程中的幸福感和愉悦传递给我们，使我们领悟到活力美。

综上所述，动物和植物所体现出的活力美对我们有以下启迪：每一个生命体都要履行上帝赋予的职责和功能，在这种恰当、充分履行自身职责的过程中，作为观者的我们可以感知生命体的快乐和幸福，从中获得愉悦，体悟到活力美。进而，还可以从中获得道德启迪，并根据检验自身伦理道德的标准，对万物进行划分。

然而做到这一切是很困难的，因为它不仅要求观者要常怀一颗谦卑、真诚、无私、善于理解他物的心灵，还要求他们全面了解所有生物的习性和身体构造。实际上，这是不可能做到的。这就导致罗斯金关于活力美的论断中存在不可避免的问题。

3. 存在问题

罗斯金曾指出："每一个有机体带给人们的愉悦都是与其表现出的健康生命力成正比的……我们所获得的愉悦就与植物所表现出的生命力和敏感度成正比。"①在这句论断中，需要注意的重要词语是"表现"。罗斯金在这里强调的似乎只是一种表现或表象。与他之前针对联想作用对美的影响那种批判态度相反，在这里他却将联想作为人从植物和动物身上获得美感与愉悦的最重要来源。实际上，这一点也是不可避免的。在人们看来，植物和动物的幸福与愉悦主要是通过生命与死亡的表象才为人所知的。因为他们根据自身经验得知，人是否具有活力美取决于他身上所表现的生命或死亡的征兆。而这种征兆则主要取决于心理和精神方面的健康和活力。因此，在并不能完全了解植物和动物的所有知识时，人只能通过其自身经验对其进行解读。也就是说，人只能通过联想解读植物和动物的活力美。

罗斯金假设植物和动物身上都洋溢着幸福感和愉悦，似乎是在暗示所有生命体内都包含一个灵魂（类似所谓"万物有灵论"）。②但是，将

① Ruskin, John. *Modern Painters*, New York: Merrill & Baker, 1897, Vol. II, p. 92.

② 万物有灵论（animism），又称泛灵论，为发源并盛行于17世纪的哲学思想，后来引用为宗教信仰种类之一。泛灵论认为，天下万物皆有灵魂或自然精神，并在控制和影响着其他自然现象，倡导此理论者，认为该自然现象与精神也深深影响着人类社会行为。简言之，泛灵论支持者认为"一棵树和一块石头都跟人类一样，具有同样的价值与权利"。

愉悦和幸福的理念应用到动物身上的论述似乎有些混乱，而将这种理念应用到植物身上更是没有什么意义，因为这种情绪都是人类才拥有的。蜜蜂忙忙碌碌地酿造蜂蜜。在人类看来，这种行为十分勤劳，但是实际上它们只是具有这种生活习性而已。因此，罗斯金将属于人类的感情投射到有生命、但无情感的其他生物身上，并根据人类特有的情绪对其进行解读——这种做法总的来说还是一种武断、以自我为中心的做法，是试图通过人类的有限视角对无限上帝所创造的其他生物进行解读的做法，而且违背了他之前猛烈抨击的人的有限性导致他无法了解上帝一切造物及其神旨的观点。而且，他本人也犯了曾经强烈鞭笞的“美即联想”的错误。这也说明，无论如何，将人类的联想与想象完全排斥在审美过程之外是不可行、也是不可能的。后面，我们也将看到罗斯金对于联想的看法发生了变化。不过，这并不影响其美学思想的重要性。他的思想就是这样一个变化发展的过程，而不是封闭僵化的体系。同样，通过他对待人类活力美的态度，我们也可以看出，此刻他的宗教信仰已经逐渐发生改变，而这种改变对他的美学思想也产生了重大影响——从来自于天国的玄妙思辨转向贴近现实的世俗生活。

三、 人类的活力美

1. 对人体美产生影响的三种精神性要素

我们还记得罗斯金对于活力美的界定——“有生命的事物中自身职能的充分实现，以及在这一过程中所表现出的愉悦，尤其是人对于自身生命的愉悦和适当运用。”[①]在这一卷，他还曾引入“有用”和“人的用处”等概念。前面我们说过，人的作用在于“见证上帝的荣耀，并且在

① Ruskin, John. *Modern Painters*, New York: Merrill & Baker, 1897, Vol. II, p. 29.

理性的服从与随之而来的愉悦中升华对上帝的赞美与崇拜”。[1]这种将愉悦、幸福感与用途联系起来的做法最早可以追溯到亚里士多德。罗斯金认为，人的作用就是服从上帝的律法，充分履行被赋予的职能。在这种过程中，人会获得愉悦和幸福感。这种履行包含了两层含义：第一层含义是指，人体中的各个器官、各种机能都能够健康运作，浑身上下迸发出灼灼的生命力；而更深层的含义则是指，人类在道德和精神层面遵循上帝的教诲，并在对各种美德的践行中服从和见证上帝的荣耀。在这两方面感到愉悦和幸福的人都是具有活力美的。

在探讨植物和动物等较低等生物的活力美时，罗斯金曾经指出这些生物给人留下的愉悦感往往只来源于其生命力与健康的表象。人类尽管无法亲身体验那种感觉，但还是可以运用联想和想象来捕捉。而在探讨人的活力美时，罗斯金更是不可避免地将他之前曾极力摒弃的主观情绪、联想等因素纳入活力美体系。与他之前极力排斥的态度相比，我们可以看出，联想和想象在他关于人类活力美的论述中发挥着极其重要的作用。

遵循之前探讨植物和动物活力美的思路，在这一部分，罗斯金也试图归纳出能够体现理想活力美的人。他指出，与植物和动物中绝大多数个体都具有相似构造、表现出一致形态相比，人这种上帝按照自身形象创造出来的生物却呈现出诸多变化。但由于所有人都受到亚当原罪的诅咒（Adamite curse），[2] 身上都体现出不同的邪恶和败坏迹象。罗斯金认为，在人类的万千面容中，有的由于病态出现了皱纹和伤痕，有的由于耽于声色而变得油腻、阴沉、黯淡，有的由于狂热的情绪而变得扭曲抽

---

① Ruskin, John. *Modern Painters*, New York: Merrill & Baker, 1897, Vol. II, p. 4.

② Ruskin, John. *Modern Painters*, New York: Merrill & Baker, 1897, Vol. II, p. 116.

擒，有的由于贫穷而苦恼消瘦，有的由于悲痛悔恨而被刻上沉重的烙印。而在各不相同的形体中，有的由于慵懒而变得松弛，有的被劳作压垮，有的受到病痛折磨，有的由于耽于肉欲或无耻滥用而蒙羞。

这种人性恶的观点在罗斯金的思想中根深蒂固。福音派教义中根深蒂固的原罪论（original sin）和有限救赎论常使他对人类抱有一种十分悲观的态度。一方面，他对自己同类表现的种种恶行和堕落感到十分憎恶。另一方面，他又为自己同是亚当的后代，同样无法掌控自身命运，同样不得不等待上帝审判而痛苦不已。由于原罪，人类智力有限而渺小，精神充满了世俗和邪恶的想法，没有希望。就这一点而言，他对于活力美的强调就有着十分紧迫的目的：减少魔鬼对人类的控制，使人体重新获得曾经的优雅与美丽，使灵魂重新得到净化，重新拥有上帝赋予的神性（这种能力已被与生俱来的邪恶所破坏），努力提高道德修养，重新回归天堂。

在探讨植物和动物中显现活力美的理想个体时，罗斯金主要依靠想象和联想。与此不同，要得出体现人类活力美的理想面容和高尚心灵则需要从所有堕落的人类个体中找出其中没有败坏的部分，以及能够显示出他从上帝那里分享的些许神性，并将这些因素综合起来。总的来说，这种活力美主要表现在人类充盈的生命力与健康的身心状态中。在这两方面，发挥重要作用的是心理和精神方面的健康，因为健康的心灵和崇高的追求会作用于人的外在形象，使其充满活力美。反过来，通过人的面部表情、体态、身体构造和情感的表达等外在表现，我们亦可以追溯到其深层的精神性与思想性追求。例如，通过善良的面容、优雅高贵的动作和温和节制的情感，我们可以领悟人体的活力美。相反，精神与心理上的种种不当和缺陷则会导致人类表现出狰狞恐怖的面容、粗野傲慢的举止和狂热过分的情感。这一切都会破坏人体的活力美。罗斯金认为，有三种精神性要素在人体和面容等外在表现中有着重要影响，即智力、道德情感和心灵方面的宗教修习与教化（soul culture）。

智慧可以使人的面容轮廓显得更为积极、自信，还可以消除由于耽于肉欲或懒惰懈怠所导致的阴沉或黯淡。这种智力上的追求会使人容光焕发，充满活力和热情。智慧可以表现在如炬般锐利、似可洞穿人心的双目，以及一颦一蹙之中都彰显出来的求知欲和聪慧。

道德情感也会对人体产生影响。它本身可以与智慧一道发挥作用。但是，这二者间的关系较为复杂，待后面再做详述。在道德价值的管辖之下，人的活力美应该是面部表情的安详与沉静，眉眼之间透露出的庄重与严肃，以及一种温和、有节制的情绪传达。与此相反，后面我们还将提到，透过人的面部表情也可以观察到四种道德败坏的迹象。

第三种对人体活力美产生重要影响的要素是心灵方面的宗教修习与教化。罗斯金在这里所指的是追求宗教信仰会对人体产生不利影响。宗教和道德方面的狂热追求会使人忽视自己的肉体，禁欲苦修会使他们消瘦憔悴，丧失健康的活力美，无法焕发生机。然而，这些修行的目的都是为了提升自身的宗教信仰与精神追求，使肉体服从精神或灵魂的掌控，并最终使自己冲破由尘世黏土所造肉体的禁锢，走向上帝。尽管罗斯金在这一点论述中所着笔墨并不多，但从中我们还是可以感悟到他浓厚的宗教观念——认为肉体是人类一切欲望和邪恶之源，时刻禁锢着灵魂的追求和发展。为了与上帝达到一种神人交感，为了解除亚当后裔的诅咒，为了成为有限的选民，必须摒除和厌弃肉体。罗斯金的观点十分明确：肉体的存在是有限的，终有一天会走向消逝，而精神和灵魂的追求却是不朽的。

我们可以看到，在以上三种因素对人体形态的影响中，存在一些不一致情况，例如智慧和道德情感方面的完善可以对人的外貌产生积极促进作用。但是人们在追求心灵方面的宗教修习与教化时，往往会忽略形体方面的健康和完美，有时还要以牺牲后者为代价。罗斯金指出，这种种不一致现象并不能证明人的堕落或邪恶，反而说明人分享了高尚的神性，说明这种上帝按照自己形容所造的生物确实获得了他的恩赐，说明人可以摒弃肉体的滋养和享受，追求精神上和灵魂上的完美。此外，以下几个方面的问题也值得我们讨论。这些问题再次表明，罗斯金浓厚的宗教观念对于其美学思想的影响几乎是无处不在的。

第一，人身上可以体现出多种不同美德。迅猛与稳健；果断与深思；热情与自持等。不同美德对人体的影响是不同的。例如，对于细节的关注；对于全面性、综合性的强调；高度的分析能力；以及高超的想象力等都对人体有不同影响。通过观察人的外在形体，可以看出他具有的美德。这些体现在外的美对应着在头脑中占据主导地位的某种能力或美德。相对而言，其他动物身上往往只能体现出很有限的一种或几种美德。它们身上的美德也不会体现出如此复杂和微妙的不一致性。例如，狗的力量、迅猛与其聪明机敏是一致的，而蚂蚁或蜜蜂的辛勤劳作也是其敏锐精明的本能使然。而人类则不同，作为高等动物，上帝按照自己的形容所创造出的每一个体都拥有不同的能力和美德。在对待同类的个体差异性时，每个人都应该保持谦逊心态，钦佩和羡慕同伴表现出的而自己并不拥有的美德。每个人也都因自己成为其他同伴的有益补充而感到幸福。要彼此援助、支持，要相互爱慕、尊敬。正是这种个体的差异性与所有人类作为上帝造物的统一性使得人类在自己这一种群中缔结了一种强大的爱。这种由上帝所赋予的不同个体所具有的不同美德正是将人类聚拢在一处的伟大力量，也是那股强大的爱的来源。

第二，正确的道德情感总是会对智力产生正面影响。如果没有正确的道德价值和思想观念为指引，即使智力发展到极致，那它也会由于没有正确方向的指引而误入歧途。然而，道德情感与智慧却并不是成正比增长的。一个道德修养高尚的人，不一定具有高超的才智；而一个智力出众的人，也不一定就是一个善良高尚的圣人。在这两者之中，始终处于上风的应该是正确高尚的道德情操和信仰。华兹华斯就曾说过："在上帝显现的最高尚时刻，人不可能进行理智的思考……"①人在接受神启（Revelation）之后会焕发灵感，道德情操得到提升，但此时他的理智是苍白无力的。而且，作为有限的上帝造物，人的理智机能并不完善。他们尽管时常费尽心机、努力挣扎，最终也无法理解上帝所创造的世界。因此，人类只靠理智是行不通的，而是应该追随上帝赋予的神性——道德价值，充分履行自身的职责。另外，在各种道德情感之间也会出现不一致情况，此时应该追随距离上帝更近的美德，即更体现出自身神性的美德。例如：在上帝命令亚伯拉罕将长子奉献出来，作为献祭时，他丝毫没有迟疑就放弃了父亲保护长子的美德，而是听从了上帝的召唤，践行了服从上帝、谦卑恭顺的美德。此处罗斯金深厚的宗教信仰依然占有压倒性篇幅。但是，如果抛开宗教因素，只考虑世俗生活，我们很容易理解他所说的才智与道德之间的关系。现代社会，我们常听到某位智力超群的人没能积极利用这种优势，反而利用它进行犯罪的可悲消息。

第三，如前所述，心灵方面的宗教修习与人体美之间往往会出现不一致的情况。在宗教修习教化方面的追求时常会对肉体产生负面影响。这也证明罗斯金对于肉体的厌弃，认为那只不过是禁锢灵魂的尘世囹圄。但是他们从上帝那里分享的神性总会促使他们有种冲破肉体束缚，逃离这一监房，重回伊甸园的愿望。这一丝愿望也是他们最终获得救赎的根基。

---

① William Wordsworth, *The Excursion*, Book 1. "In such high hour Of visitation from the Living God, Thought was not."

依照罗斯金的这种思路，尽管人类的万千个体呈现出不同美德，但这些美德都体现了上帝对人类的恩赐和永恒不变的仁慈。他对待每个人都一视同仁（无论皈依基督教时间的早晚），因此分别赋予了适合每一个体发展的能力和美德，也期待每一个体都能绽放出灼灼的生命力，并充分履行自身职能，同时在这一过程中保持崇高的精神追求和道德修养。在《马太福音》各人在葡萄园做工的比喻中，上帝曾说道："拿你的走吧！我给那后来的和给你的一样……"①这就充分表明，上帝对于不同的人，以及在不同时间走向他、皈依他的人都赋予了"一样"的东西，即作为上帝神性体现的美德。

2. 破坏人类活力美的四种邪恶标志

在人类的面部表情中，最为常见的邪恶标志通常可分为四种：傲慢（pride）、耽于感官享乐（sensuality）、恐惧（fear）与残忍（cruelty/ferocity）。这四种标志中的任何一个都会给人的面容罩上一层邪恶的面纱，摧毁他的形体美以及活力美。

傲慢

傲慢是这四种邪恶中破坏性最大，也是所有罪恶中最本源、最根本的标志，也是愚蠢、狂妄、虚荣等罪恶之源。在《近代画家》第四卷中，罗斯金曾经说过："一般说来，傲慢是所有重大错误中最根本的一个。"②即便某人确实具有高尚品行，他对于这一点也有客观了解，但如果被傲慢情绪吞噬，自认为高于一切，他就是十分愚蠢、低劣的。有这种习性的人会目空一切，喜欢俯视比自己低等的事物，从不仰起头尊崇

---

① Matthew 20：14，*The New Oxford Annotated Bible with Apocrypha*：*New Revised Standard Version*，New York：Oxford University Press；4th edition March 19，2010，p. 1775. "Take what belongs to you and go；I choose to give to this last the same as I give to you."

② Ruskin，John. *Modern Painters*，New York：Merrill & Baker，1897，Vol. IV，p. 50.

比自己高的事物，自然无法意识到自身的渺小与卑微，无法意识到在自己之外还有上帝，而且他还创造了山川树木、花鸟鱼虫，也根本意识不到在云端还存在着上帝和天使的居所，无法意识到自己只是上帝所创造之无限宇宙中暂时存在的有限个体。更有甚者，很多人的傲慢自满往往是毫无根据的。他们自大地认为自己拥有某种能力和美德，但实际并非如此。从这两种情况都可以看出，傲慢产生的根源就在于对自己的错误估量、对他物的错误判断，以及没有自知之明的轻慢和蔑视心理。罗斯金认为，这不仅违背了上帝所提倡的慈爱之心，也完全颠覆了他赋予人类的功能和作用——在世间万物中见证上帝的荣耀，并在理性的服从与随之而来的愉悦中升华对他的赞美与崇拜。可以看出，罗斯金对美的评判始终带有浓厚的宗教与道德意味。他认为上帝占有绝对崇高的地位，而任何僭越上帝职能，蔑视世间万物神性之美的做法都是罪恶和不道德的。

耽于感官享乐

耽于感官享乐的脾性对人的形体和面容也会产生负面影响。与傲慢相比，这种邪恶迹象更加微妙，更难以查明。因此，有必要区分对人体的纯粹恰当的观照与怀有官能欲望、挑逗肉欲的污秽欣赏。在这里，罗斯金带着特有的清教徒的审视和批判目光，对人体在绘画中的表现提出了严格要求。他强烈反对“挑逗肉欲、败坏道德”（luscious and foul）的裸体绘画，认为它们表现邪恶（expressive of evil），迎合了观众的低级趣味，助纣为虐。

相比之下，真正纯粹的、美的人体绘画则应该依靠色彩的强烈程度、暖意、形体的刚度和线条的硬度来减少对肉体的暗示。它应该像火焰一样，能够净化和清洁人的灵魂（purifying and cleansing），正如亚里士多德在《诗学》一书中讨论古希腊戏剧时所提到的净化作用“Katharsis”一样，在真正美的裸体绘画中，尽管画家本人没有必要进行掩饰，但传达肉欲的裸露感会完全消失。不着衣物的人体时而在树丛中穿梭，时而如烈焰般的火柱（fiery pillar/ a pillar of fire），时而又像是照射在草地上的斑驳阳光，都应是《出埃及记》中曾提到的上帝的光明与引导的象征。①通过这些充满宗教玄思的语言，罗斯金指出，真正描绘人体美的绘画应该是指引我们接近上帝的明灯，是使我们灵魂臻于高尚的向导。

恐惧

恐惧与残忍这两种人类情绪，也都会体现在面部表情中，对人体活力美产生负面影响。不过，这两种情绪只是偶尔才会显现在人的性格里，而且它们彼此也有着紧密联系。

罗斯金首先对恐惧（fear）与敬畏（awe）进行了区分，后者是他所推崇的。敬畏情绪具有浓厚的宗教内涵，是人们在物象中感知到来自上帝的力量、强度、威严和雄伟，并对其怀有一种惊叹、钦羡的情绪，同时他们自身并不会感到任何威胁，或者说此时自身依然感到很安全。而恐惧则是指人们在客体中确确实实感觉到危险的存在，是一种世俗的可怖、骇人情绪。例如站在安全海滩，对狂风暴雨的海面进行观照时领悟的情绪就是敬畏——既感受到自然的壮美，又明白自己处境安全。这是一种极为高尚的情绪，是对上帝创造的世间万物怀有尊敬与热爱的情绪。在对上帝的无限性和自身的有限性有了充分了解之后，人便不再烦恼、不再挣扎，而是安心地服从、依赖于上帝，因此心中便不再有恐

① Exodus 13：21，*The New Oxford Annotated Bible with Apocrypha*：*New Revised Standard Version*，New York：Oxford University Press；4th edition March 19，2010，p. 101.《出埃及记》13：21：日间，耶和华在云柱中领他们的路；夜间，在火柱中光照他们，使他们日夜都可以行走。

惧。相对而言，恐惧情绪卑鄙、可耻，将人类的有限性和终有一死的特点暴露无遗，例如：对于被下落玻璃砸伤或对车祸的恐惧等。总的来说，在对外界自然进行观照时，人们易出现敬畏情绪，而对于世俗事物的威胁则易产生恐惧情绪。不过，在面对自然界中的高尚事物时，如果认为自身的安全受到威胁，感到害怕，那么尽管此时的观照客体是崇高的（sublime），但人这种主观情绪依然是恐惧，因此也是可鄙的。例如，某些人对暴风或雷电的恐惧会完全抵消他们对于自然界无穷力量的审美观照。另外，强烈的恐惧感不仅会摧毁人的精神，还会对其外在形态产生不利影响，从而破坏活力美。例如：在极度惊恐的癫狂状态下，人会表现出头发散乱、双目圆瞪、双臂挣扎、浑身冒冷汗等情形。这些情绪无疑会将人体的活力美破坏殆尽，其有限和非完美的缺点也暴露无疑。

在这里，我们可以清晰地感到罗斯金关于敬畏与恐惧的区分受到了伯克（Edmund Burke）崇高说的影响，只不过此时他还不愿意承认崇高是一种可与美相提并论的美学范畴。伯克认为，能够对心灵造成强烈印象——不论是痛感，还是快感，或它们的变型——的大多数观念，大致都可以归纳为两类情绪，即自我保全和社会交往。我们所有情绪都符合这两种目的，二者必居其一。崇高感的根源是前者，美感的根源则是后者。涉及自我保全的那类情绪主要与痛苦和危险有关。痛苦、疾病和死亡的观念使心灵充满强烈的恐怖感。这种情绪是所有情绪中最强烈的。[①] 而生命与健康尽管能够使我们获得快感，但都无法通过这种单纯的愉快给心灵造成类似印象。

另外，伯克对于“崇高”的定义是这样的：“凡是能以某种方式引

---

① Burke, Edmund. A *Philosophical Enquiry into the Origin of our Ideas of the Sublime and the Beautiful*, London: Routledge and Kegan Paul, 1958, p. 32.

起痛苦或危险观念的事物，即凡是能以某种方式令人感到恐怖的，或者是涉及可怖对象的，或是以类似恐怖的方式发挥作用的事物，就是崇高的来源。”①可见，崇高对象的感性特征有可怖性，体积巨大、朦胧阴暗、模糊不清等，但也并不是说任何恐怖和惊惧都是崇高感的心理内容，“如果危险或苦痛太紧迫，就不能使人产生任何愉快，只会徒留恐怖，但如果身处一定距离以外，或是在得到某种缓和之后，危险和苦痛也可以使人感到愉快。”②可以说，当人的生命受到威胁时，心理上会产生痛苦与恐惧的情感，而当那些引起恐怖或危险观念的对象与人保持一定距离，不至于威胁到人自身的生命安全，使人感觉不到任何威胁时，痛感就转化为快感。崇高的情绪就这样产生了，因此它是一种夹杂着痛感的快感。

罗斯金在此处并没有对崇高感进行如此细致的美学剖析。他似乎在有意避免谈论崇高。这是因为在他看来这种涉及个人参与和主观情绪的范畴强调的是人的主观性，忽略了上帝的客观存在。他强调的是人类的世俗恐惧（human terror）与对上帝的宗教性敬畏（Holy fear/awe）之间的区别。这更加印证了宗教观念对其美学思想的影响。人类对造物主上帝的威严与荣耀总是怀有一种敬畏心理，并臣服于此，不敢冒犯上帝。这种神圣的敬畏情绪本质上源于对上帝的无比信任与爱戴，源于人将其视为自己坚如磐石的后盾（Rock）、坚不可摧的庇护堡垒（Fortress）和

---

① Burke, Edmund. A *Philosophical Enquiry into the Origin of our Ideas of the Sublime and the Beautiful*, London: Routledge and Kegan Paul, 1958, p. 7.

② Burke, Edmund. A *Philosophical Enquiry into the Origin of our Ideas of the Sublime and the Beautiful*, London: Routledge and Kegan Paul, 1958, p. 14. “When danger or pain press too nearly, they are incapable of giving any delight, and are simply terrible; but at certain distances, and with certain modifications, they may be, and they are delightful, as we every day experience.”

坚定不移的拯救者（Deliverer）的坚定信念。[①] 罗斯金似乎在说，如果一个人发自内心地热爱上帝、信仰上帝，那就绝不可能被某些尘世危险吓倒。他对上帝的敬畏愈浓，爱戴愈多，对上帝无上地位的理解就愈为深刻，生活在他的庇护下就愈感安全，对于那些世俗的危险就越不会感到恐惧。例如，大卫王在对上帝的赞美祷告中，曾说过："耶和华是我的亮光，是我的拯救，我还怕谁呢？耶和华是我性命的保障（力量），我还惧谁呢？"[②]大卫王相信，上帝永远都站在他身边，会保卫和庇护他，使他免受任何危险和苦难。他相信只要依靠上帝的力量，自己就不需要害怕任何尘世的危险或敌人。他将自己的身心都投入到对上帝的敬畏与爱戴之中，人性中的低等情绪（世俗的恐惧）被压倒，神性的敬畏之情占据了主导地位。

罗斯金还批判了另外一些人。他们从没有想过上帝，对他不怀有任何热爱之情，甚至大放厥词说自己并不畏惧上帝无所不在的威严。此时他们失去了信仰和精神支柱，在真正面临世俗危险时，会感到无所依托、无比恐惧。他们表达出的歇斯底里的恐惧会立即将人粗鄙低级的动物性一面暴露无遗，惧死、无能、有限、转瞬即逝等缺陷一览无余。在这种情况下，人自身的神性完全泯灭了。

可见，对上帝的崇拜和敬畏之情可以使人超脱尘世意义上的生死界限，使人不再畏惧任何尘世的危险和威胁。而人在自身生命受到威胁时，他们所感到的世俗的恐惧感则只会使人关心自己那有限卑微的生命是否危在旦夕。这种世俗恐惧导致他表现出歇斯底里、惊慌失色、六神

---

① Ruskin, John. *Modern Painters*, Vol. II, New York: Merrill & Baker, 1897, p. 127.

② Psalms 27: 1, *The New Oxford Annotated Bible with Apocrypha*: *New Revised Standard Version*, New York: Oxford University Press; 4th edition March 19, 2010, p. 794.

无主、失魂落魄等面部表情，出现痉挛抽搐等身体反应，完全丧失了上帝赋予的神性，当然也就失去了活力美。

残忍

罗斯金最后提及的残忍恶行实际上是最不可饶恕、最丧失人性的，同时也是对活力美破坏最大的。这种恶行常与恐惧联系在一起。在之前论述的三种恶行中，傲慢有时是源于智力上的优越性，这也从侧面体现了人的优点。感官享受则片面地显示出人类的某种需求。而有时恐惧也是一种使自己免受伤害的必要借口。与以上这三种恶行相比，残忍这一恶行彻底使人丧失了人之为人的基本特性，赤裸裸地表露出虎豹豺狼般的恶魔行径。带有这种邪恶标志的人，面部表情会传达出一种地狱般的死灰、苍白与阴郁，似乎是召唤死神的撒旦一般。这种人在肉体和心理两方面都失去了活力美。身体上的苍白与死灰使健康的活力美消逝不见，而心理方面的狰狞、残忍、阴森和人性丧失则彻底粉碎了慈爱、善良等活力美。

尽管罗斯金只列举出了这四种邪恶特征在人体面部表情中的表现，但实际上凡是涉及卑鄙龌龊事物的情绪都是肤浅、不合理、不正当的，也都会损害人体的活力美。凡是传达邪恶与不虔诚因素的暴力情绪，都摧毁了人之为人的尊严。相反，凡出发点高尚的情绪，都有利于增强人体的活力美。例如，悲伤情绪是否高尚要取决于它施予的对象是否高尚，是否有价值，以及怀有这种情绪的人的头脑中是否怀有崇高和伟大的念头。如果悲伤是出于自私的打算，或是过于强烈、毫无节制，那这种情绪就是令人憎恶的，有可能导致人出现抽搐扭曲、狰狞恐怖等面部表情，破坏整体活力美。

总而言之，为了得出人体活力美的理想范例，必须完全摒弃面部表情和人体中明显的邪恶迹象。人体活力美就应表现在身体上洋溢着健康的灼灼生命力；而在精神上则需要信仰上帝、不断提升道德价值，追求善和美。从这里可以看出，在罗斯金的美学思想中，宗教信仰和道德发挥着十分重要的作用。他惯于从道德和宗教角度对美进行观照和审视。在他看来，上帝之美是一切生命和美的源泉，有着绝对崇高和无上的地位。任何违背神性、践踏上帝之美的做法都是亵渎神明的，也是极其不道德的。

3. 小结

罗斯金对于活力美的探讨具有以下两层含义。其一，有生命的事物所具有的活力、健康、精神、生命力等美德都体现出其活力美。这层含义是较浅的。其二，罗斯金更加强调这些物象所体现的更深层道德意味和宗教价值，即引导人惩恶扬善的理想道德观念和象征着神性光辉与慈悲胸怀的宗教体验。可以说，对活力美进行审美观照和审美感知的最终目的都是为了启迪和引导人们提高自身的道德修养和宗教价值，并鼓励他们认真自觉地投身于道德与宗教实践，最终成为上帝的选民。

第四节　审美机能：观照能力

从上文论述可以看出，罗斯金的类型美是万物的形式之美。他们或多或少再现上帝神性，为我们带来审美愉悦。而活力美则是世间万物的生命力之美，侧重的是内在情绪的表达和生命的涌动，而非外在形式。这种表达是灼灼生命力的迸发与幸福感的抒发，是生命体道德价值的体现。可以说，类型美再现的是上帝的存在，是具有活力美事物的道德本源与真理。活力美则是有生命的事物对上帝存在的积极回应与自身的生命诠释，是类型美呈现出的神性在万物中的至深影响和重要效果。

罗斯金的类型美论断强调了自然美的外在形式，其中诸多观点继承了中世纪以来的古典主义美学。而活力美则建立在侧重情感表现、主观心理活动和道德价值判断等浪漫主义元素基础之上。

活力美是有生命的事物在充分履行上帝所赋予功能时，表现出的幸福和愉悦。换句话说，人类自身的灼灼生命力会带来一种充盈的幸福感，是履行了上帝所赋予职能之后的心满意足。在活力美这一范畴中，罗斯金主要强调主观情感、心理活动以及道德修养在审美过程中发挥的作用，即来自上帝的生命对生物和人类产生的影响以及引发的情感和道德价值回应。这种活力美体现了生命体充分履行上帝所赋予功能和目的的能力，也表明了它们积极回应的能力。如果说类型美侧重的是上帝的神性显现，即世界万物的形式之美，那么活力美则强调这种神性显现对世间受神恩沐浴的生物的影响。与类型美相比，活力美与罗斯金宗教观念的关系也很密切。在论述活力美时他强调，培养审美情操和宗教情绪的目的是为了提高人的道德修养，激发人类对上帝的积极回应与热爱，使自己更符合上帝造物的最终目的。如果将类型美与活力美结合起来考虑，罗斯金请人们关注体现上帝神性美的形式（类型美），以此培养他们的道德和宗教修养（活力美）。其最终目的是促使人们在观照类型美时，做出积极回馈，即用灼灼的生命力和快乐愉悦来诠释上帝赋予的生命，用崇高的道德修养和价值观念来展现生命的活力美。因此可以说，类型美是上帝神性的静态显现，而活力美则是包含更多主观因素的人类心灵的动态回响。

基于上述类型美和活力美的分析，可见无论是对自然界中类型美的观照，还是对自身所涌动生命力的抒发，罗斯金认为，都需要一种凝神观照的审美体验，需要人类运用无关利害的审美机能。这种审美机能，即观照能力（theoretical faculty）。罗斯金提出的观照能力，是与感性能力（aesthetic faculty）相对的。从词源上看，theoretical 词性为形容词，词根是 theory，来自于拉丁文的 *theoria*，意为构想、构思（conception），最终可以追溯到希腊文的 *θεωρία*，意为沉思、注视（contemplation）、思索（speculation）。相对而言，aesthetic 一词可追溯至希腊文的 *αισθητικός*，意思是 of or for perception by the senses，perceptive，即与感觉有关的、感觉的、知觉的。

前者是从审美愉悦中升华的一种偏理智、道德和精神层面的能力，而后者则是人的本性中倾向于追求感官享乐和耽于肉欲的能力。由于继承了古典主义美学的衣钵，罗斯金认为人的天性由两部分组成，一部分是来自于动物性的耽于肉欲和享乐，另一部分则是来自于神性的对理智的尊崇和对道德的追求。根据罗斯金惯常的论证思路，在审美、道德评判以及宗教信仰活动中，占上风的自然是后者。他的美学艺术思想一刻也不能脱离上帝的光环和道德训教。因此，这种凝神观照的能力，正是相当贴切地传达了他推崇的那种无比欣然、敬仰、愉悦和感激的情绪。这是一种最为高级的愉悦，是以感性愉悦为前提，但是绝不能脱离理性和道德意味的体验。但同时，这也需要最为纯粹的心境。

第四章
崇高的特征说

罗斯金对于崇高这一美学范畴的态度变化，也从另一个侧面反映出其宗教观念的变化。最初，他坚信崇高并不是一个与美相对的独立范畴，因此他本人对美的探讨不会囊括有关崇高的论述，也不需要对崇高进行专门研究。在《近代画家》第一卷中，他就说自己“从来没有关注过艺术中的崇高范式，也从未使用过这一术语”。

> 事实上，崇高并不是一个专门术语——并不是描述一组特定美学观念的术语。任何使人的头脑更加高尚的事物都是崇高的，而对于任何伟大之处的观照都能够使头脑变得高尚；不过当然主要是对最高尚事物的伟大之处进行观照。因此，崇高只是伟大事物对人类情绪所产生影响的同义语。因此，物质、空间、力量、美德或美的伟大之处就都是崇高的。[1]崇高与美毫无区别可言，与艺术中其他愉悦感的来源也无区别可言，只是这

① Ruskin, John. *Modern Painters*, New York: Merrill & Baker, 1897, Vol. II, p. 41.

些愉悦感的一种特定模式和显现方式。[①]

尽管罗斯金对崇高的看法受到了伯克（Burke）、华兹华斯（Wordsworth）、艾迪生（Addison）等人的影响，但是他十分强调人脑在观照自然和艺术时获得完整审美体验的重要性，希望并确信自己能够将包括崇高在内的所有审美体验都追溯至来自上帝的神性之美。人类在凝照这种神性之美时获得的统一的、舒缓的美感体验和愉悦正是对上帝神性的彰显。可见，在他心目中，以破坏性强力为特征的崇高及其在人脑中唤起的纷乱、强烈、尖锐、无规则的主观情绪反应必然不会占有一席之地。

然而，这种观点并没能维持很久。在第二卷中，他已经将美与崇高对应起来，进行探讨，并提出了与之前论断截然相反的观点：

> 我认为，大家都会欣然接受：很多事物都表现出最高程度的崇高，但却不具有最高程度的美。反之亦然。因此可以说，这两种范畴是截然不同的。其中一个范畴并不只是另一个范畴的某种形式或状态。[②]

可见，此时罗斯金已经认为美与崇高是两种不同的审美愉悦形式。他对于“崇高的”（sublime）和“崇高”（sublimity）等术语的使用也表明，他已倾向于将崇高作为统一、静穆、宁静、有节制的秩序美的补充。他在原本认为绝不属于美的范畴中，囊括了人们在不对称的、广阔

① Ruskin, John. *Modern Painters*, New York: Merrill & Baker, 1897, Vol. II, p. 42.

② Cook, E. T. & Wedderburn, Alexander. ed., *The Works of John Ruskin*, London: George Allen, 156, Charing Cross Road New York: Longmans, Green & Co. 1903, Vol. 4, p. 369.

无垠的物象中感受到的令人敬畏的可怖的愉悦，即伴随着强烈情绪反应的愉悦感。

罗斯金的上述主张看似前后矛盾，实则不可避免。在不同时期，他深层的宗教思想已经发生了改变。前期他的福音派信仰坚定而浓厚，坚决否认表达主观情绪回应的崇高范畴与再现和彰显上帝神性的美的范畴能够相提并论。中期和后期，他逐渐侧重人的主动性、能动性和幸福生命力，自然就将原本排除在古典主义美学体系之外的崇高范畴囊括进来。下面首先概述影响罗斯金崇高观的几个思想源泉，之后再对其独特的崇高观点进行论述，并试图探究导致这种变化的深层宗教原因。

第一节 传统崇高说：罗斯金之前

一、 托马斯·伯奈特

1681 年，时任卡尔特修道院院长兼英国国王威廉牧师的托马斯·伯奈特(Thomas Burnet：1635−1715)出版了《神圣的地理论》(*Sacred Theory of the Earth*)一书。在书中，他提出，在《圣经》记载的那次大洪水发生之前，地球曾是一个平坦光滑、完全对称的球体。在上帝下令发洪水剪除诺亚一家以外的所有人和动物之后，整个地球的面貌就发生了巨大变化：原本平坦、对称的地面上耸起了参差不齐的山峰，形成了深不见底的河渊和不规则的海洋。每一部分都丧失了来自上帝的秩序。此时的地球已不再是上帝的第一手作品，而是他在一片支离破碎的废墟上重新创造的第二作品。

一方面，伯奈特以宗教和神学为由对这片废墟上的纵横沟壑加以摒弃,认为这些自然现象反映出人类的邪恶。另一方面,他又对这些不规则的地理现象感到无比着迷,认为其充分彰显了上帝无穷的力量和公义(即对人类的审判)。在这两种情绪中,他以后者为重。在观照广袤无边、辽阔浩森、庄严宏伟、威严壮丽的自然景致时,他时常会收获一种夹杂着敬畏、惊惧的审美体验,并感到心神荡漾。在这种情绪中,他深深地感到自己与上帝紧密地联系在一起,处于神人交感的境界之中。而且,他也清楚地知道,自己的这种情绪绝不是美感。

伯奈特在这种完全不同于美的感受中感知到上帝的无限力量,体验到一种宗教性的敬畏之情。他对自然界伟大力量的兴趣;他在看到种种自然现象后自身的情绪反应——产生敬畏感;这种敬畏心理与宗教信仰之间的密切关系;以及他将这种新的情绪与美感对立起来等等主张,都预示着一种新的美学的到来。这种观点强调的就是人类在观照自然界的地理现象时感到的敬畏与愉悦并存的崇高心理。[①]之后的艾迪生(Joseph Addison)、斯蒂尔(Richard Steele)、扬(Edward Young)、[②]华兹华斯(Wordsworth)和柯勒律治(Coleridge)等学者都曾阅读过伯奈特的上述著作,并获得了很大启发。

在罗斯金的著作中,也可以见出伯奈特对其的深刻影响。在《近代画

---

① 它很快就促使当时17世纪的人们接受了5世纪朗基努斯(Longinus)的《论崇高》(*Peri Hupsous*)一文。此书在1674年由法国评论家布瓦洛(Nicolas Boileau-Despréaux)翻译出版。不过,朗基努斯侧重的是修辞上的崇高风格会引发人们的情绪变化,使他们的心灵更为高尚。伯奈特指的是,在对外部自然界进行凝神观照时收获的可怖与愉悦相混合的情绪。当代学者塞缪尔·霍尔特·蒙克(Samuel Holt Monk)曾经清楚地解释了这两个侧重点的区别:"崇高风格是修辞方面的研究,而崇高性则属于审美范畴;崇高风格是达到某一目的的手段,而崇高性本身就具有重要意义和价值。"参见:Samuel Holt Monk, *The Sublime: A study of Critical Theories in XVIII-century England*, (Ann Arbor, MI: University of Michigan Press, 1960), p. 12.

② 爱德华·扬在《夜思》(Night Thoughts)中对"崇高"进行了论述。

家》第四卷中，罗斯金就在时常强调这样一种可能性：人类早期的完美尘世居所在遭到巨大破坏后留下了一片废墟。现代社会中人类赖以生存的地球正是这片废墟。他说：

> 这些山脉，是如何从最初被创造出来的形貌变成现在的样子呢？它在未来的岁月中又将变成什么样子呢？整个世界在远古时期是否比现在更加美丽，更加适宜人类居住呢？这个世界现在经历的变化对于人类来说是有利还是有害呢？如前所述，地球现在的构造似乎是在一种至高无上的大智大爱动因支配下完成的。但是，它之前的状态与其现在的状态一定完全不同，而它现在的状态也必定与其今后呈现的状态不同。这么说来，我们现在生于斯长于斯的地球究竟处于最年轻、最美妙的时期呢？还是说，尽管它呈现出多样的美，实际上却只是天堂被毁灭后遗留下来的残骸呢？①

可见，与伯奈特一样，罗斯金此时的心情也很矛盾：一方面他对外部自然中“纵横沟壑、缺乏秩序的一片废墟景象”感到可怖，无限向往地球上已不复存在的天堂之美；另一方面他对地球上现存的各种自然景致颇感兴味，并能从中体会到上帝的存在和公义。他此时的种种发问充分体现了他知道自身作为有限存在，并不具备参透过去、现在与未来的能力。而这就进一步加深了他对于一个至高无上的神性存在的崇拜和依赖。

---

① Ruskin，John. *Modern Painters*，Vol. IV，New York：Merrill & Baker，1897，p. 139.

二、约翰·丹尼斯、约瑟夫·艾迪生及其他

除伯奈特之外，我们从安东尼·阿什利·库珀（Anthony Ashley Cooper）和约翰·丹尼斯（John Dennis）的文章中也可以看出，17 世纪末 18 世纪初，人们逐渐认为大自然中表现出的“崇高”范式是与美截然不同的一种审美范畴。这两位学者都曾在论文中表达了对外部自然中不规则物象的欣赏与爱恋之情。他们和之后的艾迪生都曾去阿尔卑斯山旅游，也都在作品中叙述过一种混杂了可怖与愉悦的情绪经历。这种经历是与美感截然不同的精神体悟。此时，“崇高”这一术语已经从修辞学上的用法迅速转向了美学方面。上述学者经常使用的词汇包括“伟大”“无限”“宏伟壮丽”“庞大”“惊人”等。

在 1693 年出版的《杂记》(*Miscellanies*) 中，丹尼斯描述了自己在攀登阿尔卑斯山时的经历。他感到，自己体验到的情绪与之前从大自然美的形式中获得的愉悦感完全不同。之前体悟的美感是一种符合理性的愉悦（a delight that is consistent with reason）。而在新的情绪体验中，他一方面仍旧被眼前的美景打动，倾听到令人沉醉的自然之音，另一方面这种情绪中却也“伴随着（或者说夹杂着）一种恐怖，有时甚至是绝望之情”(mingled with Horrors, and sometimes almost with despair)。我们看到，丹尼斯在使用“horror”(恐怖) 一词时，将其首字母写成了大写的“H”。英语语言中，在用第三人称单数提及上帝时，常写作“He”，以示敬畏。考虑到西方人中较为普遍的基督教信仰，有理由猜测丹尼斯指的就是他本人对上帝所造世界中的可怖物象怀有敬畏之情。这种敬畏之情不同于世俗的恐惧，因此丹尼斯使用大写字母，以示区分，同时也暗示出这种敬畏之情的神性特质。

总而言之，在伯奈特的基础上，丹尼斯进一步发展了崇高范畴，将

其与美区分开来，同时也强调了它与宗教性敬畏之间的关系。他对于这一范畴的最大贡献在于首次强调了具有崇高审美性质的物象对观赏者有何影响。他的理解是建立在真实的切身经历和主观心绪之上。此外，他还是第一位将"可怖、恐怖"（terror）引入崇高范畴的学者。

库珀前往阿尔卑斯山的旅行发生在1691年，比丹尼斯早两年。在《道德家》（*Moralists*）（1709年）一书中，他提到，自己那次经历是愉悦与厌弃、欣喜与反感并存的。他指出，一座"荒凉的山峦"（wasted mountain）正是"神圣废墟"（noble ruin）的见证。[1]与丹尼斯侧重"可怖"的感受略有不同，库珀更加强调人在面对一片无限的空间时收获的敬畏、惊羡之情。他将地球比喻成"一个容纳千万广厦的球体"，是"人类居住"的尘世处所。这片由上帝创造的自然界是没有疆界（boundless）、神秘莫测（unsearchable）、不可参透的（impenetrable）。[2]他指出："与由天堂的崇高神灵赋予活力的整个太阳系相比，（人类可以到达的）处所是显得多么狭隘和有限啊……"[3]因此，崇高并不是一种与美对立的审美性质，而是一种比美更高尚、更崇高的性质。

与之前的两位学者相比，约瑟夫·艾迪生对罗斯金的崇高观念产生了更为深远的影响。1699年，他踏上了前往阿尔卑斯山的神圣之旅。1712年，他在《旁观者》（*The Spectator*）杂志上发表了《想象力的愉悦》（*Pleasures of the Imagination*）[4]一文，综合了库珀和丹尼斯关于"崇

---

① Cooper, Anthony Ashley. *The Moralists, A Philosophical Rhapsody. Being a Recital of Certain Conversations Upon Natural and Moral Subjects*, New York: Gale Ecco, 2010, Part III, sec. 1, pp. 390-391.

② Ashfield, Andrew. de Bolla, Peter. *The Sublime: a reader in British Eighteenth Century Aesthetic Theory*, New York: Cambridge University Press, 1996, p. 73.

③ Ashfield, Andrew. de Bolla, Peter. *The Sublime: a reader in British Eighteenth Century Aesthetic Theory*, New York: Cambridge University Press, 1996, p. 373.

④ 《想象力的愉悦》节选自1712年6月21日《旁观者》，第411号。

高”的观点，对这一范畴进行了界定，并罗列出自然界崇高性的几种来源，并强调了人们在对崇高性进行审美观照时心理机能的运行方式。

> 我指的“巨大”并不是指任何单个物象的体积或数量，而是指可以视为一个整体全景的广大性征。正如一片空旷原野的景致，一片辽阔、荒无人烟的沙漠，一座座层峦叠嶂的崇山峻岭，烟波浩渺的汪洋大海等。在面对这些景致时，令我们感到惊羡的并不是它们的新奇或美丽，而是大自然鬼斧神工的很多作品中都表现出的那种宏大与壮丽。在眼前出现如此景致时，人类的想象力会感到十分满足，希望抓住想象力之外遥不可及的事物。因此，在凝神观照辽阔无边的景致时，我们会感到惊叹与愉悦，感到自己的心灵收获博大无极、静默深沉的惊奇感和崇高感，获得极大的愉悦感。①

艾迪生对崇高这一美学范畴的重要贡献在于：第一，他指出，崇高有时涉及自然界中的宏大和壮丽物象，并列举了日常生活中大家所熟悉的山脉、沙漠和海洋等对象，认为它们是外部自然界中最为崇高的组成部分。第二，他认为，主体在观照崇高性时，大脑中迅速涌入了人类单凭一己之力无法理解和容纳的事物。在自身极限被突破（痛感的来源）的同时，人类认识到这种事物比自身的高妙之处（美感的来源）。一种夹杂着惊惧的喜悦之情就这样油然而生了。具体而言，人们通过运用想象力所获得的审美愉悦来自以下三种性质：伟大、不同寻常和美。从

① Elledge, Scott. ed., *Eighteenth - Century Critical Essays*, 2 vols. New York: Ithaca, 1961, I, p. 45.

“外部自然崇高性相”的论述中可以看出，艾迪生更倾向于使用表示极大程度的语词，例如：“无边无垠”、“毫无界限”、“广阔宽敞”和“伟大”等。这种关于“伟大”的看法在其崇高理论中是不可或缺的。一个物象或一件艺术作品如果不具有伟大的性质，那么它仍有可能是美的，但绝不可能是崇高的。

另外，与丹尼斯不同的是，艾迪生认为主体在观赏崇高性时并不会产生一种可怖（horror）或惊骇（terror）的情绪。

三、埃德蒙·伯克

一般来说，罗斯金的崇高观点深受埃德蒙·伯克崇高说的影响，其很多看法亦是针对伯克的观点而发，因此在这里有必要回顾一下伯克的看法。

在伯克之前，大部分学者都认为，在凝神观照山脉、海洋等自然界中常见的崇高物象时，人们会生出一种伴随着敬畏和惊羡的愉悦感。而伯克对于崇高这一美学范畴的巨大贡献则在于，他是第一位从生理学角度指出崇高与美这两种美学范畴相互对立的美学家。这种二元对立并不像丹尼斯所说的那样简单，而是像光明和黑暗之间的关系。黑暗使人们无法看到物体，而强烈刺眼的光线则使人们不敢凝视物体。两者似乎殊途同归。这种“不敢”的感觉使人感到丝丝敬畏或恐惧。恐惧是由于无法正视物体而感到不知所措，敬畏则是由于光亮太强，令人心生敬畏。伯克认为，美与崇高的区别在于，美来源于愉悦，崇高来源于痛感。在观照美的事物时，人会获得一种愉悦感，身体中每一根神经都有放松和舒畅的感觉；而崇高性则恰好相反，会使这些神经都紧绷起来。在观照崇高物象时，人会体验到一种可怖感。这种可怖感只是运用想象力的结果，虽然原因是虚构的，但情绪却相当真实、浓烈。观者会在可怖感过后，获得一种如释重负般的愉悦。因此，这种可怖感就是一种掺杂着愉悦的情绪。与前辈丹尼斯相同，伯克非常强调“可怖性”在崇高这一范畴中发挥的作用。他认为：“在任何情况下，‘可怖性’都是崇高的支配性原则。”①

总而言之，一方面伯克坚持认为崇高涉及热烈的主观情绪，另一方面，他更加强调崇高所引起的震惊或惊吓感觉（astonishment）。他指出：“自然界的崇高和伟大事物所引起的激情……是震惊和些许恐怖。这是心灵的一种状态。在这种状态下，其它情绪都会搁浅。人的头脑会完全被所观照的物象占据、填满，无法再容纳其他事物。”②

四、罗斯金与上述学者崇高观的异同

综上所述，艾迪生、伯克等人关于崇高的论述对罗斯金的崇高观点产生了很大影响，主要体现在以下两个方面：

第一，在这些学者之前，人们多关注客体的哪些品质或性质会使人获得愉悦和美感。这些学者则开始强调，在观照崇高的物象时，应该重视观赏者的主观反应。这种观点实际上标志着英国美学的重大转向：从关注客体中令人愉悦的性质到关注它对观赏者心理产生的影响。在这种兴趣转变过程中，人作为观赏主体的主观情绪反应已经愈来愈重要。

伯克曾指出，在晦暗朦胧、缺乏某种积极因素的物象中，崇高性往往起主导作用，譬如：黑暗——缺乏光明，朦胧——缺乏清晰。审美主体在观照黑暗与朦胧的崇高性和一座大理石雕塑的线条之美时，获得的

---

① Burke, Edmund., *A Philosophical Enquiry into the Origin of our Ideas of the Sublime and the Beautiful*. London: Routledge and Kegan Paul. 1958, p. 58.

② Burke, Edmund., *A Philosophical Enquiry into the Origin of our Ideas of the Sublime and the Beautiful*. London: Routledge and Kegan Paul. 1958, p. 57.

审美体验绝不相同。雕塑的线条之美是独立于观赏者的意志而存在的，黑暗与朦胧却不是可以从某一物象中孤立出来的性质，而是贯穿于物象所有性质中的一种性质。它描述的是观赏者与被观赏物象之间那种依赖于前者主观审美经验而存在的关系。换句话说，伯克列举的事物具有的崇高性并不是这个事物客观形式上的特点或性质，而是在很大程度上牵涉了观赏者的主观情绪。而且，只有在切身经历之后，人们才能深入体悟这种关系。因此伯克说，崇高是一种与观赏主体密切相关的情绪。

罗斯金起初在自己的美学思想中极力排斥的正是这种主观性。我们知道，在浓厚的宗教观念指导下，他认为美是上帝神性的体现。世间万物包括人的具体存在都是为了彰显上帝的神性美。但是随着宗教信仰的变化，其美学思想中对上帝地位的推崇逐渐让步于对人的重要性的强调。从他试图建立一种将崇高排除在外的统一性美学，直到他逐渐承认崇高是与美不同的另一种审美范畴的这种思想转变中，我们也可以感到其深层的宗教信仰变化。

不过，通过他本人所钟爱的画家特纳和诗人华兹华斯的作品，也可以看出后来他与伯克一样，极为推崇一种依赖于人的经验而存在的主观性崇高体验。例如，他十分推崇的英国画家特纳在 1842 年的画作《暴风雪：汽船驶离港口》（*Snow Storm*：*Steamboat off a Harbor's Mouth*）。人们仿佛就置身于海上的一场风暴。水的漩涡、海上升起的薄雾和水气似乎都将人们拉入那一场景。伯克所提及的力量、庄严、朦胧、晦涩与对外界自然的敬畏感在这一画面中体现得淋漓尽致。观赏者关注的这些特点并不属于客体本身，而是一种主观体验。观赏者并不是静态、理智、平静地观照客体景色，而是身临其境、积极参与其中，成为宏伟威严、充满活力的自然景致的一部分。类似的作品还有《暴风雪：汉尼拔和他的军队越过阿尔卑斯山》（*Snow Storm*：*Hannibal and his Army Crossing the*

图 8：Snow Storm：Steamboat off a Harbor′s Mouth by J. M. W.Turner（特纳画作《暴风雪：汽船驶离港口》：1842）

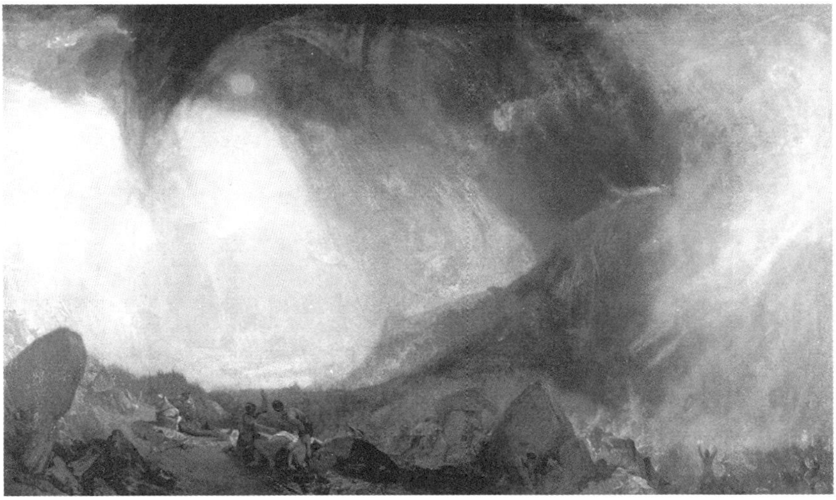

图 9：Snow Storm：Hannibal and his Army Crossing the Alps by J. M. W.Turner（特纳画作《汉尼拔和他的军队越过阿尔卑斯山》：1812）

Alps）等。除了视觉艺术，在言语艺术中，例如华兹华斯的诗作也会使人们沉浸在对大自然崇高物象——骚动喧嚣的山间瀑布——的凝神观照之中。此时，人们不只是事不关己的冷静观赏者，而是变成了满怀同情和共鸣的参与者。他们不再只将大自然作为观照对象，在其中寻找如画的景致，而是沉醉其中，积极参与，并运用自身力量、投入全部激情，短暂但又热切深入崇高壮观的自然界中去。

不过，与伯克从心理学角度出发强调崇高性对观赏主体的影响不同，罗斯金后来对主观性的强调却是由于其深层的宗教信仰变化——从天堂到尘世人间。

第二，罗斯金之前研究崇高性的这些学者都有一个典型特点——将崇高与美明确地区分开来。而且，在这种二元对立中，美往往都处于不怎么重要的地位。伯克在论述时，就曾指出美是一种相对较弱、带有女性气息的审美愉悦。而崇高则是一种强烈的、充满男性气质的审美感受。他说：

> 崇高的物象范围辽阔、广袤，而美的事物则相对较小。美的事物应该是平滑、柔顺；而崇高伟大的事物则是参差不平、随意的；美的事物应该摒弃直线，并且总要不知不觉地远离它；而崇高和伟大的事物则偏爱直线，而在偏离直线时，幅度也很大、很突兀；美的事物不应该晦涩、朦胧，而崇高伟大的事物则应是昏暗、阴郁、阴沉的；美的事物应该是轻巧、纤细；而崇高的事物则应该是坚固、牢靠，甚至巨大无比的。①

① Burke, Edmund., *A Philosophical Enquiry into the Origin of our Ideas of the Sublime and the Beautiful*. London: Routledge and Kegan Paul. 1958, p. 124.

与此截然不同的是，罗斯金将美视为上帝神性在自然界的表现，对美的推崇无与伦比。他起初在创作《近代画家》第一卷时就曾指出崇高可以被囊括在美的体系中，自然不能容忍伯克那种美低于崇高的观点。对于此时的他来说，美作为上帝的神性显现，对人至关重要、主导一切，绝不止是一种停留在漂亮和可爱等肤浅层面上的范畴。正是由于对美之神性的强调和将美的感知视为一种强烈的道德和宗教诉求的主张，他并不赞同伯克的观点。

可见，一方面由于自身浓厚的宗教背景对美之重要性的强调，另一方面由于试图建立一个统一、连贯的以上帝为中心的神学美学体系，罗斯金起初坚决否认崇高是独立于美而存在的美学范畴，也明确表示自己不会对其进行专门论述。但是，随着宗教信仰的变化，他逐渐开始关注人的主观性，也开始强调观赏主体在崇高审美体验中所发挥的重要作用。接下来，我们就重点探讨他的崇高学说。

第二节　罗斯金多变的崇高观

罗斯金关于崇高的讨论并非集中出现在某一卷某一章中。与他基本始终如一的美的观念不同，他关于崇高的论述是不断变化的。最初，他认为崇高没有资格与美相提并论，并决定不对其进行专门论述。虽然并没有专辟章节论述，但在其主要的美学著作中，提及崇高的地方可以说是比比皆是。这些观点往往是零星分散的，有时还出现了前后矛盾的现象。这种情况就使我们在概括其崇高观时遇到了一定困难。不过，通过归纳总结，我们还是可以大致了解他对崇高的看法。更为重要的是，透过其崇高观念的变化历程，我们也可以更深刻地领悟到这一变化的深层根本原因就是其宗教信仰的巨大变化。

下面，归纳出罗斯金关于崇高的几点论断，并附上不同著作中的论据以为佐证，便于进一步论述其背后的宗教观念变化。

一、美的对立：早年诗作

如前所述，根据《近代画家》的论述，罗斯金并没有将崇高视为一种与美平等的美学范畴，更不承认崇高的重要性大于美，但后来随着宗教信仰的变化，他逐渐改变了这种看法。实际上，在创作《近代画家》之前很多年，当罗斯金还是一个十几岁的孩子时，就曾抒发过对可怖事物的敬畏之情，并指出那是一种恐怖与愉悦并存的复杂情感体验。通过早年诗作可以知道，当时的他认为，恐怖、可怕、令人敬畏的事物也有美可言，也会令人获得愉悦感：

> 站在一些怪石嶙峋的山岩顶上，
> 俯视下面奔腾浩森、绵延不绝的汪洋大海，
> 会有一种可怖的感觉，但它终归是令人愉悦和畅快的。①

除了自然景致之外，他还描述到，在阅读哥特式诗歌中令人毛骨悚然的情节时，自己会收获一种恐怖与愉悦并存的情感：

> 小教堂的拱顶湿潮、阴森，
> 令人几乎无法呼吸，

① Cook, E. T.& Wedderburn, Alexander.ed. , *The Works of John Ruskin*, London: George Allen, 156, Charing Cross Road New York: Longmans, Green & Co.1903, Vol. 2 Poems, p. 4.

那里，紧紧缠绕住了长满绒毛的漆黑蝙蝠，
将它们冰冷的翅膀紧贴墙壁，
裂缝中的蜥蜴，瞪着明亮的眼睛，
毫无声息地追逐着来自大地的露珠，
那是一种像死去昆虫的皮肤一样惨败的光。①

可见，罗斯金早先对自然界事物和文学艺术作品中的崇高物象都曾有过很深刻的感受，似乎将其作为美的对立来观照。

二、与美无涉：《近代画家》第一卷

到了撰写《近代画家》第一卷时，他的观点已经发生了变化：既不赞同伯克对可怖和崇高的强调，以及崇高源于痛感的看法，也否认人们在可怖的情绪体验中可以获得愉悦。由于绝不承认崇高与美之间的二元对立，他试图将崇高作为美的一个较低级的侧面进行解读，着重强调二者之间的共同点。这样做的目的当然是将崇高纳入自己的神学美学体系，为自己主张的统一连贯的神性美学进行辩护。譬如，他曾指出，在凝神观照美和崇高物象时，人们的情绪反应都是无关利害的。而针对伯克的崇高源于恐怖和自我保护欲望这一观点，罗斯金也抒发了不同看法：

要注意，人类情绪中可以真正被称为伟大或崇高的并不是恐惧，而是对于死亡的凝神观照；并不是出于以自我保存为目

① Cook, E. T.& Wedderburn, Alexander.ed. , *The Works of John Ruskin*, London: George Allen, 156, Charing Cross Road New York: Longmans, Green & Co.1903, Vol. 2 Poems, p. 4.

的本能性战栗和挣扎，而是对自身命运与劫数的一种沉着审慎、无关利害的衡量。……因为在身处对恐怖的痛苦体验中，是毫无崇高可言的。①

他认为所有使头脑更为高尚的事物都是崇高的。在对所有伟大的事物进行凝神观照时，人的心灵和情绪都会做出积极而热烈的回响。这种回响即为崇高感。而崇高只是美的一种范式。他曾说过："崇高是最高级的美。"②此外，他还指出崇高的以下特点：

第一，物质、空间、力量、美德或美感中的伟大之处都是崇高的。而在人类几乎无法控制的危险中，也总是存在一种能够使人获得崇高感的性质。但是，如果身处恐怖的情绪漩涡，时刻心惊胆战、担心自身安全，那绝对无法感受其中的崇高性。只有采取一种无关利害的态度，对仿佛危及生命的恐怖进行远距离地凝神观照，才有可能体悟其中的崇高性。这种远距离是指心理上的距离。如果在空间上与产生恐怖感的源头存在一定距离，但心里仍感到一种自身世俗生命受到威胁的恐惧，那么此时的观赏主体也无法从客体中体悟崇高。因此，罗斯金说："自我保存的情绪，绝不是崇高性的必不可少要素。实际上，这种情绪发挥的作用越大，对于崇高感的破坏就越大。"③在欣赏崇山峻岭和汹涌波涛时，我们常会情不自禁地喊出的"压倒我们吧！快将我们包围吧！"这两种情况指的都是人们在对崇高物象进行无关利害的凝神观照时所收获的崇高感。除了在观照自然景致的壮丽伟大时收获的崇高感之外，他还提出

① Ruskin, John. *Modern Painters*, New York: Merrill & Baker, 1897, Vol. I, p. 41.

② Ruskin, John. *Modern Painters*, New York: Merrill & Baker, 1897, Vol. I, p. 42.

③ Ruskin, John. *Modern Painters*, New York: Merrill & Baker, 1897, Vol. I, p. 42.

了一种宗教性敬畏情绪，譬如：《圣经》中的约伯就曾说过："我这皮肉灭绝之后，我必在肉体之外得见神。"（and after my skin has been thus destroyed，then in my flesh I shall see God）①他认为，只要心中对上帝怀有虔敬的热爱与信仰，在尘世中面对肉体死亡时就不会感到恐惧，反而会将其作为接近上帝的最佳渠道，欣然接受。在他看来，这种宗教性的敬畏情绪恰恰体现了崇高的最高境界。

第二，如果自身与危险或痛苦保持一段距离，或者自身并不是切身经历这种危险或痛苦的人，那么就容易从中收获崇高感。这种凝神观照会唤起人们的同情心和怜悯心，激起不屈不挠、勇于抗争的勇气。这些美德都会使人们的头脑变得更为高尚。此时，恐怖等低级而世俗的情绪也会消弭无形。因此，从道德意义上讲，对危险或痛苦的感知有助于我们获得崇高感。

可见，在这一阶段由于不同意伯克对崇高的划分，罗斯金试图打造一个将美和崇高均囊括在内的以神性为指导的统一性美学体系，并进而指明崇高的两个特点。这两方面同时也是贯穿其美学思想的最重要方面，即对宗教信仰的推崇和对道德修养重要性的强调。从这个意义上来说，无论是此时对崇高的论述，还是之前我们已论述过的他对美的探讨，都始终一致地遵循这两个目标。总体上说，在这一时期，罗斯金实际上已经接受了之前研究者们关于崇高的很多论述。实际上，其中一些看法是他在青年时代早已经形成的。譬如：他认为崇高的事物一定涉及伟大。他指出崇高感是人类在对伟大事物进行凝神观照时的一种主观情

① Job 19：26，*The New Oxford Annotated Bible with Apocrypha*：*New Revised Standard Version*，New York：Oxford University Press；4th edition March 19，2010，p. 745.

绪反应。①在论及表现崇高性的事物时，他所列举的也是传统崇高研究者们经常列举的自然现象。最为重要的一点是，他延续了伯奈特等人所坚持的崇高与宗教性敬畏的密切关联。通过这一点，亦可见出其美学思想中的宗教观。

三、美学万花筒：《近代画家》后四卷

1. 强烈、无限、巨大

在创作时间稍晚的《近代画家》第二卷中，我们看到，罗斯金已经逐渐接受了关于崇高范畴的传统看法。特别是，他已经将其视为一个与美相对立的美学范畴。譬如，在论述类型美的对称范式时，他曾指出："物象中如果没有对称的美，会引起剧烈的效果。很多崇高的画作正是由于缺乏对称性才显得崇高。也正因为如此，它们都丧失了更为神圣的美的性质。"②可见，此时罗斯金已经将崇高视为美的对立面，认为激情、剧烈和不对称性都可以增加物象的崇高特征，使人感到愉悦。只不过此时，他依然认为，美比崇高更重要、更神圣。

在他的崇高观中，巨大和广袤的含义也占有重要地位。根据兰多的看法，在《近代画家》第三卷中，罗斯金本打算使用以下这段话，讨论一种完全取决于大小和规模的崇高性，即巨大和广袤物象所表现的崇高：

为了在人的头脑中，引发一种独特的崇高印象，物象必须

---

① "崇高感只是伟大事物对人的情绪所产生的影响。" Ruskin，John. *Modern Painters*，New York：Merrill & Baker，1897，Vol. I，p. 42.

② Ruskin，John. *Modern Painters*，New York：Merrill & Baker，1897，Vol. Ⅱ，p. 74.

> 显出一种巨大。任何建筑物的设计或壮丽山峰的形式之美都不可代替其“粗犷巨大”的性质。就实实在在高于人性理解力（即我们的一般标准）的优势而言，我们面前清晰展现的最大范围的实在就会产生最高的崇高性效果。①

而在第五卷，罗斯金谈及米什莱（Julet Michelet）的散文作品时，曾说道：“它的范围如此广大，因此也如此崇高。”②由此可见，他遵循传统观点，将巨大和广袤看作崇高必不可少的性质。罗斯金在其他方面强调的“崇高”一词也看出他的视角是基于传统意义的。③譬如：在论述类型美的统一性范式时，他指出“一大片密集的树影是崇高的”。④“由于差异性而互为补充的事物，数量越多，它们的整体性和统一性就会更加广泛、更加崇高”。⑤可以说在整部《近代画家》中，他对“崇高”和“崇高性”等术语的使用，大部分都是基于传统意义上的整体广大性和辽阔性等意义。

不过，从他对类型美无限性范式的论述中，我们也看到他与前辈学者不同的观点。前辈学者（包括伯奈特和伯克）都将无限性视为自然界崇高性的最佳表现，而罗斯金则侧重于一种更加温柔、静穆，更符合神性秩序、显出比例与和谐的无限性，例如曲线的无限变化等。不过在这一章结束时，他也承认，无限性可以创造崇高感，并指出：“在神秘的

① Landow，George P. *The Aesthetic and Critical Theories of John Ruskin*，New Jersey：Princeton University Press，1971，p. 207.

② Ruskin，John. *Modern Painters*，New York：Merrill & Baker，1897，Vol. V，p. 177.

③ 也就是说，罗斯金正是在伯克等人使用的“崇高”意义上，使用这一词汇。

④ Ruskin，John. *Modern Painters*，New York：Merrill & Baker，1897，Vol. V，p. 53.

⑤ Ruskin，John. *Modern Painters*，New York：Merrill & Baker，1897，Vol. V，p. 53.

自然界中，我们可以看到无限性的诸多体现。在某些方面，这种无限性体现在她的广阔博大中。因此，尽管这些无限性的体现可以使人产生崇高感，但这一体现也是建立在我们自身的缺陷之上，与美无关。”①可见，他依然坚持美是上帝的神性显现这一主张，认为崇高感是由于人类自身智力与理解力的不完美和有限所引起的。“被我们愚蠢地称为‘广阔与博大’的事物（vastness），与被我们不知天高地厚地称为‘卑鄙渺小’的事物（littleness）一样，并不是更加美妙、更引人注目的……”②他说，人类对自认为比自己渺小的事物不屑一顾，傲慢地将其视为“卑鄙”“低下”（littleness）；而对于自己无法理解的事物又愚蠢地赞之以“广阔博大”（vastness）。后者尽管被前辈学者认为是崇高的一个因素，但是罗斯金指出，这反而更暴露出人类在理解力和智力方面的局限性，以及道德上的邪恶、败坏。

2. 主观情绪体验，涉及人的参与

从上一段的论述中，我们可以总结三点：第一，罗斯金暗示出，崇高性的存在要取决于人的感受。可见，他已开始关注于个人感受与崇高物象之间的特殊关系。这也为后面他积极强调崇高性对人类的影响埋下了伏笔，同时也预示着他将主观性引入崇高领域。第二，此时他已经将崇高作为美的对立面与之相提并论了。不过这两种范畴孰优孰劣，他依然褒贬分明。第三，他依然是从浓厚的宗教背景和道德视角出发来论述崇高，认为与美是上帝神性的显现不同，崇高是人类不完美性的印证。正是由于这种不完美性，他们在宗教方面需要坚定的信仰，在道德修养方面也需要至善的指路明灯。

---

① Ruskin, John. *Modern Painters*, New York: Merrill & Baker, 1897, Vol. V, p. 49.

② Ruskin, John. *Modern Painters*, New York: Merrill & Baker, 1897, Vol. V, p. 49.

3. 与危险、可怖、痛苦、壮丽密切相关

在《近代画家》第四卷中，罗斯金依旧从传统崇高学的视角出发，将崇高与威胁性联系起来①（sublime and threatening forms），指出“危险感总是与最为陡峭险峻的自然形式相关联。而且，这种危险感无疑会增加这些形式的崇高性。”②同时，他使用了可怖、怪异、宏伟和威严等词汇，并将它们视为对崇高的注解。在这一卷中，他还指出了崇高与痛苦的联系：“（对于山区居民来说）这可以说是一种痛苦的崇高性。”③可见，他已经承认恐惧感、可怖性和痛苦在人们对崇高的审美体验中都占有重要地位。

此外，通过之前的论述，我们已经知道在第二卷论述人体活力美时，罗斯金将对上帝的神圣敬畏之情与人类的世俗恐怖心理区别开来。其实，这种人类作为上帝子民，对他始终怀有敬畏的情绪正是崇高感的最佳范例。根据罗斯金的论述，他们产生这种宗教性敬畏的原因是，他们爱上帝、依赖上帝，将自己的一切托付给上帝，并坚信他最终会拯救自己脱离尘世痛苦。他们愈感到上帝的最高权威高大遥远、不可触及，愈感觉处于上帝荫庇之下十分安全。这恰好呼应了之前讨论的——人们在凝神观照上帝的崇高性时会产生无关利害/无关自身安全性的情绪反应。在那一刻，他们不会对自身的处境怀有任何疑虑，丝毫不担心自己是否安全，这样才更有可能体悟上帝的崇高、伟大与神性，更有可能与之达成交感。这一切都源于他们心头对上帝的坚定信仰与对他的全部信托。

不过遗憾的是，罗斯金当时对敬畏之情和崇高之间的关系并未详加

---

① Ruskin, John. *Modern Painters*, New York: Merrill & Baker, 1897, Vol. IV, p. 159.

② Ruskin, John. *Modern Painters*, New York: Merrill & Baker, 1897, Vol. IV, p. 104.

③ Ruskin, John. *Modern Painters*, New York: Merrill & Baker, 1897, Vol. IV, p. 338.

论述。这一方面也许是由于他对崇高范畴的定位。我们知道，他始终将美视为上帝的神性显现，此时他对崇高的看法虽然已经有所改变，但依然认为崇高无法与美相提并论，因此对崇高与神性敬畏之间的关系未予重视。另一方面也许是因为他已经注意到人类的主观反应对崇高和崇高性的感悟发挥着重要作用，但由于浓厚的宗教信仰促使他更加强调上帝的神性美，而不是人类的主观情绪体验，因此他对涉及人类主观情绪体验的崇高性也就未加详述。

4. 各种主观情绪的根源

在第五卷中，罗斯金指出："敬畏与悲伤是崇高感的根源。"①此时在他看来，不管是温和的情绪，还是剧烈、极端的情绪，都可以是崇高的。所有正当合理、充满激情的情绪表达在人脑中唤起的同情与怜悯之情都是崇高的。他在第四卷中描述过一片令人感到忧郁、阴沉和感伤的景致，并指出那是一种"悲哀的崇高"（sad sublime）②。

我们记得在第二卷中，罗斯金曾使用崇高一词来描述热烈的情绪。在论述人体美时，他说："由于突然而强烈的悲伤袭来，人那种极度震惊和战栗发抖的面部表情中，会有某种崇高的感觉。"③此时，他着重强调对崇高的感悟涉及人的震惊、恐怖等强烈的主观情绪。这就更加接近于伯克所说的崇高了。

可见，罗斯金在使用崇高一词时，有时是指较为温和的崇高形式，有时则是较为热烈的情绪反应。不过，他始终认为崇高性涉及人类参与，是各种主观情绪的根源。

---

① Ruskin, John. *Modern Painters*, New York: Merrill & Baker, 1897, Vol. V, p. 91.

② Ruskin, John. *Modern Painters*, New York: Merrill & Baker, 1897, Vol. IV, p. 243.

③ Ruskin, John. *Modern Painters*, New York: Merrill & Baker, 1897, Vol. II, p. 129.

第三节　崇高观与宗教信仰的变化

将《近代画家》的写作时间与罗斯金宗教思想的变化结合起来考察，可以看出，在撰写第一卷时（1843年至1846年），他还保持着坚定的福音派信仰，坚信美是上帝的神性体现。相比之下，他对崇高嗤之以鼻，认为它根本算不上一种独立的美学范畴。此时，他试图建立以神的统一性美为特征的古典主义美学。静穆、永恒、无限、节制、适度、和谐等等都是这种美学体系的特点。按照这一设想，崇高也必然要被囊括在体系内。因此，此时他特别强调崇高与美的共同之处，有意回避崇高所涉及的主观反应、热烈情绪、不一致、不协调、不对称等性质。在第一章中我们已经说过，在1848至1858的十年间，罗斯金已经越来越怀疑自己的宗教信仰。这种疑虑在1858年达到顶峰。而撰写《近代画家》第二卷的1846年正是在这一怀疑期内。他逐渐接受了关于崇高的传统看法，已将其视为与美相对立的美学范畴。不过，他依然认为，美比崇高更加重要。《近代画家》后三卷与之前两卷的写作时间相隔了十年。这是一个很长的时间跨度。从第三卷起，直至第五卷完成的这段时间，是在1856年至1860年期间。这正是他宗教信仰中的困惑和怀疑因素达到顶峰的时期。相应地，在这三卷中，他对于崇高的看法就更加接近传统意义上的崇高理论。这是因为，在这一撰写时期他对上帝和宗教的作用愈加怀疑，愈来愈强调人类的主观审美体验和情绪反应的重要作用，并逐渐意识到将崇高范畴纳入以神学为中心的统一性美学体系的做法不可能实现。

实际上，罗斯金的崇高观与伯克等人的崇高学说并非势不两立。只是由于浓厚的宗教观念，他时常有意无意地抑制着自己在早年诗作中表达的对于崇高、可怖和剧烈情绪的热爱之情。在宗教思想发生巨变后，他的这种发自肺腑的热爱之情又得到了自然的抒发，并逐渐在其美学思想中站稳了脚跟。

在《建筑的七盏明灯》(1849 年）中，罗斯金转而关注建筑这种与人类息息相关的、带有很强实用色彩的艺术形式。此书的创作时间亦是在他对自己的宗教信仰产生怀疑和困惑（1848 年）之后。他在“力量之灯”部分中对建筑的崇高要素进行了较为细致的研究，指出这种要素必须要求有人参与其中，并强调了人类在观照这种美学范畴时的能动作用。他指出：所有风景的兴味都来源于人的存在。不管是真实的，还是想象中的人类存在，都有助于增加这种兴味。他还曾举例说：如果与人性毫不相干，那么就连最为庄严宏伟的阿尔卑斯山风景也会变得像一小块石头一样毫无意义。在著于牛津大学的《有关风景的演讲》(1871 年）中，他进一步指出：崇高性的产生是人们运用想象力解读某物在自身产生的实际影响，只有在观赏者运用想象力将自己或他人置于某一风景之中时，这片风景才可能是崇高的。譬如：山峰的大小或其倾斜角度只有在与人的大小、能力和可能的行动力相关涉时才有可能表现出崇高性。

此外，在《近代画家》后四卷和其他建筑美学作品中，罗斯金对于“崇高”和“崇高性”这两个术语的使用不仅表明他已经开始接受美与崇高的二元对立，而且正如 18 世纪的前辈们一样，他已经将崇高当作一种包容性很强的美学范畴。这种范畴就像一个美学万花筒，可以将他排除在美的范畴之外的所有性质都容纳在内。从这些作品中，也可看出，他依然认为美是上帝永恒神性的体现；而崇高则反映了人类的渺小和有限，表现出人们在观照比自己高尚和伟大的事物时的主观情绪和心理反应。这恰好反映出了他美学思想的重心已经从上帝转向了人类，也证明了这种改变的深层原因正是由于其宗教信仰的变化。虽然他已经承认大小和体积等因素是自然界事物具有崇高性的原因，但他更为关注的是观赏主体在凝照这些事物时的主观情绪变化，强调这些物象对主体产生的影响。罗森博格曾经说过："在《近代画家》第二卷（1846 年）和第三卷（1856 年）之间相隔的十年间，罗斯金对于艺术之美和自然之美的兴趣已经减弱，转而关注生命中的荒芜、神秘之地，凝照命运的可怖之处。"①这也验证了此时罗斯金的兴趣已经转向对于人类和世俗生命的思索与探讨，以及对于关涉人类主观情绪的崇高范畴的关注。

可见，在宗教信仰发生动摇之后，罗斯金对于崇高这一范畴的理解就更为积极、更符合实际了。下面，我们就简单论述他所谓的"建筑的崇高性"。

第四节　系统崇高观：《建筑的七盏明灯》

后面还要在《建筑的七盏明灯》一书中，探讨罗斯金建筑美学与其宗教观念的关系。这一节主要关注他在"力量明灯"一章中（*The Lamp of Power*）较为系统的有关崇高和崇高性在建筑艺术中功用及其对人类影响的论述。这一部分也是他第一次将自己的崇高"理论"应用到一门特定的艺术——建筑——中去。不过在这里，他强调的并不是建筑艺术本身，而是更侧重它对人的影响。在这一部分中，他对于崇高的看法与

① Rosenberg, John D. *The Darkening Glass: A Portrait of Ruskin's Genius*, New York & London: Columbia University Press, 1961, p. 22.

在《近代美学》中抒发的崇高观点形成了鲜明对比。

回顾在《近代美学》中，罗斯金强调的是人在观照崇高物象时的主观反应。彼时，他似乎已经意识到自己在绘画美学中无法系统地解读崇高范畴，于是就将它置入自己认为与这种关涉人类主观情绪的崇高范畴密切相关的建筑艺术中再作探讨。这种将崇高与建筑艺术相结合的做法同样反映了他自身浓厚的宗教信仰。在撰写《建筑的七盏明灯》时，尽管上述信仰已发生了很大变化，但在内心深处，这种影响却无法磨灭。由于下一章还将详细叙述他所谓的七盏建筑艺术之灯，这里只探讨他在“力量明灯”部分中对崇高和崇高性的解读。

在“力量明灯”一章开篇，罗斯金指出了下面两种类型的建筑：

> 在回溯曾经给我们带来最愉悦感官印象的那些建筑时，我们通常将它们分为以下两大类：第一类建筑的特点是珍贵、精美。在回忆这类建筑时，我们常常满怀爱意和钦羡；另一类建筑则偏于简朴，并且在很多情况下都带有神秘和雄伟庄严的意味，就像在某种伟大的、来自上帝的神性力量显现于面前时我们所感受到的那样。在凝照这类建筑时，我们收获的敬畏感绝不输于从第一类建筑中收获的美感。①

这里不妨回顾一下罗斯金的相关思想。在阐述类型美时，他强调的几乎完全是独立于人脑存在于外界中的美的事物所具备的要素（即六种范式）。这六种美的范式皆是上帝神性在外部自然中的体现。而在此处，“力量明灯”开篇，他所强调的是人们在对不同类型的建筑进行回溯时，

---

① Ruskin, John. *The Seven Lamps of Architecture*, New York: J. B. Alden, 1885, p. 70.

内心的感受，即建筑艺术对人类心灵深处的影响。可以说，在讨论实用色彩最为浓厚的建筑艺术时，他始终强调它对人类产生的影响及其主观反应。他关注的是人的联想、回忆、同情、共鸣，以及人的情绪反应。这种观点充分体现了罗斯金美学中强调主观性和人类能动性的方面。

在区分两种不同建筑类型时，他实际上照搬了伯克所谓的美与崇高之分，但也并未停留在伯克的论述层面上。他指出："这两种建筑不单单是美和崇高的区别，而是派生性艺术作品与人类原创性艺术作品的区别"。[①]建筑中的柔和美是人类在模仿由上帝所支配的自然界时创造所得，是派生性的；而崇高则是取决于人脑的安排和创造，是原创性的。这方面的因素充分体现出人之为人的尊严和能动自主性，是人性力量的表达和主观情绪的抒发。这种力量愈强烈，表达愈充分，建筑就愈显崇高。

可见，在建筑艺术中，人的作用或是搜集资料，进行模仿（派生性建筑），或是作为主导，进行创作（原创性建筑）。这种艺术的成功与否完全取决于人类能否搜集和选用合适的材料，并主导这些材料进行原创。因此，具派生美的建筑作品充分体现了人类对上帝所造自然形式的谦逊、尊崇和敬畏之情。而抒发原创性崇高情绪的建筑作品则充分显示出人对这些形式的驾驭以及他们的积极情绪反应。换句话说，建筑中的美源于人类之外的自然事物，而崇高既源于外界自然，也来自于人的能动想象和联想。

可见，罗斯金的根本看法依然是美是上帝神性的显现，而崇高则取决于人的主观感受。只不过，与之前相比，他眼中的崇高地位提升了很多，已经达到可与美相提并论的层面。而且，尽管强调派生性建筑的特

---

① Ruskin, John. *The Seven Lamps of Architecture*, New York: J. B. Alden, 1885, p. 71.

点（美）和独创性建筑的特点（崇高）均是伟大智慧的建筑之灯，我们依然可以感到，此时的罗斯金更加赞赏和关注后者。

他进一步指出，建筑师只有对自然界中掌控一切、驾驭一切的神性力量产生充分的共鸣，才能创造出崇高。实际上，他如此强调建筑的原因，就是因为在这种与人类息息相关的艺术中，他们能够有空间、有自由地标记出自己与上帝所造伟大美丽的自然事物之间的关系。与感悟美的情况不同，在观照崇高时，人不再是渺小、卑微地被动接受者。他的地位有所提升，开始显示出主动性和能动力量。尽管他依然是上帝的臣民，但已经可以自由地表达自己对上帝的热爱与崇拜，并在对上帝所造之世界进行模仿的同时，有可能充分地发挥自身的独创性，并抒发思想感情。正如在《旧约》中，上帝耶和华要求以色列民众为其建造一所会幕（tabernacle），[①]作为其在尘世的住所。这个住所一方面凝聚了人类对上帝的无比虔敬和谦恭顺从之爱，另一方面它又是人类与上帝进行联系和沟通的纽带，是实现神人交感（communion）的途径，充分显示出人的主观能动性与创造力。不过尽管指出人需要借鉴上帝所造自然界中的崇高物象，但此时罗斯金的关注焦点已不再是这些物象，而是人的主观反应。换句话说，人类在创作建筑作品的过程中，不仅应该体现出自身对上帝所造自然美的膜拜与遵从，更应该充分体现他们自身的情绪和主观心理变化，并将这些因素都投射到艺术创作过程中去。而且，与《近代画家》第一卷开篇极力批判“美取决于联想”的做法不同，此时罗斯金已经开始强调人类的能动想象和联想对外部世界的影响。建筑的崇高特征正是这种主观能动性的体现。一方面人类对处于自身之外、使自

---

① 所谓“会幕”，是指为上帝显现所建造的一座可搬运的住所，是现代教堂的雏形，最早可以追溯至《旧约·出埃及记》中的记载。

己相形见绌的来自上帝的伟大力量竭力进行模仿；另一方面上帝所造自然反过来也要受到人类想象力、创造力和主观情绪的影响。这时的自然已经成了人类的一部分，而人的主观反应也会通过建筑物赋予自然之上。充分体现崇高性的人类建筑物就这样出现了。

综上所述，罗斯金对崇高的看法可以归纳为以下几点：

第一，他非常强调崇高与宗教性敬畏之间的关系，并指出，对上帝怀有热烈的敬畏之情与对自然界崇高物象的惊羡赞叹之情，都是崇高的感受。而且，前者无疑是对崇高感的最佳诠释。

第二，他十分强调观赏主体在凝照崇高物象时内心的情绪变化，并指出崇高是一种与人类密切相关的、需要人利用主观能动性参与其中的性质。

第三，他对于崇高的看法发生了很大变化。在撰写《近代画家》第一卷时，他已经意识到崇高涉及人的主观因素，认为这一点与他强调的上帝神性表现相背离，所以对崇高的评价远低于美。在之后撰写的后四卷中，由于宗教思想的变化，他逐渐开始怀疑上帝的作用，强调人的主观能动性。同时，逐渐改变了对崇高的看法和评价。在《建筑的七盏明灯》中，他的字里行间都更加透露出对建筑物崇高性的赞赏和推崇，认为这种性质充分体现了人类的想象力、创造力和情绪反应。然而，他此时依然不忘上帝和自然界的神性显现发挥的重要作用。在建筑作品的创造过程中，人类积极发挥想象力、创造力的目的是为了模仿上帝之美，以表达对他的无比热爱与崇拜之情。

从罗斯金在“力量明灯”一章中对崇高的论述可以看出，宗教思想对其建筑美学的影响十分巨大。有鉴于此，接下来的章节将对这一部分进行全面论述，并探寻其宗教观念发挥的重要作用。

第五章

建筑美学思想

罗斯金的建筑美学思想主要囊括在《建筑的七盏明灯》和《威尼斯之石》这两部著作中。他在前一部著作中集中论述了关于建筑的七条法则——七盏建筑明灯，后一部著作则对这些原则进行了阐释。因此这一部分我们的论述主要以前一部著作为基准。

我们知道，罗斯金的写作方式十分独特。他的文字总是娓娓道来、通透隽永，文章结构较为松散，堪称散文中的佳酿。他想象力丰富，头脑灵活，颇具诗人气质，在写作过程中时常会脱离当前论述的话题，充满激情地转而探寻其他任何他感兴趣的问题。因此，在其所谓的美学"理论体系"中，我们可以感到一种迷离恍惚的境界，不容易把握其中心思想。这是他的想象力在天马行空、自由奔放地驰骋行走。在古雅的措辞和善用类比的习惯背后，是他对艺术道德和宗教使命的偏执强调。通过行文特征，我们可以感到他进行概括和归类的倾向有时较为轻率，可以感到他热情奔放的想象力时常会大胆僭越，罢黜理智的王位，还可以感到他有时过分强调个人的同情、共鸣、喜欢和厌恶。但正是这颗始终追求真理的、充满激情的纯粹心灵、丰富的意象和古雅的措辞始终打动着我们。在古雅甘美的文采与尖锐深刻思想的杂糅化合中，我们时常感到一种极具说服力的活力、痛快、泼辣与清新，感受到一种真诚和真挚的情感。《建筑的七盏明灯》一书正是罗斯金这种写作方式的真实写照。

《建筑的七盏明灯》是罗斯金撰写的一部有关哥特式建筑的著作，发表于1849年。我们注意到，这一创作时间正处于他对自己的宗教信仰产生怀疑和困惑的时期（1848年至1858年间）。此时，他虽然心存疑虑，但那种根深蒂固的宗教信仰却不是那么轻易会被撼动的。另一方面，由于对上帝的作用产生怀疑，他更加重视人的主观能动性，强调现世生活，而不是虚无的来世。这种看似矛盾的双面性恰恰是罗斯金美学思想的真实写照：既无法割裂浓厚的宗教信仰以及对一位至高无上的宇宙统治者的崇拜与热爱，又无法抑制对人类灼灼生命力和主观能动性的推崇。

另外，他习惯于将自身的宗教信仰与浪漫主义追求、浓厚的奉献精神以及代表着清教徒特质的自我节制欲望结合起来，看待任何问题都带有浓厚的宗教和道德训教色彩。《建筑的七盏明灯》一书也不例外。在论述建筑这一艺术形式及其创作方式时，他同样将其提升到道德高度，希望任何建筑作品都能够发挥持久的道德指导作用。他认为，对于建筑师来说颇为有用的七条法则同样可以应用到任何凝聚着人类智慧与体力劳动的其他活动中，指导他们的宗教活动和道德实践。

在这部著作中，他的主要研究对象是中世纪的艺术形式——哥特式建筑。中世纪也被称作“信仰时代”（Age of Faith）。那时的建筑、绘画、雕塑等艺术形式均与宗教保持着十分紧密的联系。更确切地说，这些艺术形式就是为宗教服务的。各种艺术的主题和表现形式均是为了增强人们对上帝和耶稣的理解、崇拜，加深宗教信仰。正是在论述这一时期的建筑艺术——哥特式建筑——的过程中，在试图解释人们在凝照这种艺术形式的过程中所获的美感和愉悦时，罗斯金制定了七项准则，概括总结了出色的建筑艺术具有的共同特点。

这七条建筑法则分别是：奉献明灯、真实明灯、力量明灯、优美明灯、生命明灯、记忆明灯和服从明灯。建筑师只有遵循这七个法则，才能顺利完成建筑艺术创作，人类的尘世居所才有可能更具神性，发挥增进与上帝沟通和交流的作用。在这一过程中，建筑师们也有机会发挥自身的聪明才智，将生命力灌注到建筑的创作过程中，使之成为永恒不朽的记忆。在这七条法则中，与上帝关系密切的是奉献明灯和优美明灯。通过这两条原则，罗斯金强调了宗教信仰的重要作用。与人类密不可分的是真实明灯、力量明灯、生命明灯、记忆明灯和服从明灯。这五条原则强调了道德价值、社会、历史对建筑艺术的重要指导作用。从这里也可看出，罗斯金根深蒂固的宗教观念对其美学思想的影响。即使是在论述建筑这样一种与人类生活息息相关的艺术形式时，他依然在强调上帝的重要地位。不过，与之前在绘画美学中强调宗教信仰和上帝地位的做法相比，他在这里的侧重点更偏重于人的主观作用。如果说在绘画美学中他侧重一种来自上帝的飘渺遥远的神性之美，此时，他主张的则是人类通过加强自身的宗教与道德修养等具体措施，缩短与上帝的距离，更加积极主动地与上帝实现交感。

下面探究罗斯金所谓“建筑”的含义以及这部著作书名中的宗教含义，并详细论述建筑领域的七条法则。

第一节　“七盏明灯”的宗教意味

在看到这部著作的标题时，我们可以根据“明灯”一词的比喻义和引申义联想到罗斯金即将讨论的是指导人类建筑的七条准则或法则。他选择这种命名方式更多的也是由于自身深刻的宗教背景。在曾被他视为经典的《圣经》中，我们可以寻得“七盏明灯”的来历。

根据《旧约·出埃及记》的记载，[①]在摩西登上西奈山（Mount Sinai）以后，上帝晓谕他，要求以色列人建造会幕（tabernacle），作为上帝的尘世居所。会幕的意义实际上就是住所或寓所。在以色列人逃出埃及直至征服迦南地的早期生活中，会幕一直作为承载上帝神性显现的可移动居所。当时，以色列人前方要面临严酷恶劣的自然环境和不可知的未来，后方又要应付埃及人的围追堵截，在旷野之中流离失所、徘徊无助。在这一过程中，会幕代表着上帝的支持、救助和慈爱，始终伴随左右，帮他们战胜了各种艰难困苦。最终，在这些人到达耶路撒冷之后，会幕被永久性的祭拜场所圣殿取代。因此，最初建造会幕的方法都必须按照上帝向摩西显现时所晓谕的种种细节进行。会幕中设有造约柜，安置约柜的神龛、外室、置陈设饼的桌子、香坛等物品。此外，以色列人还必须制作出七个灯盏，再由祭司负责点亮这七盏明灯。这七盏明灯在会幕中占有重要地位，不仅象征着上帝的光明、智慧与慈爱，还代表着以色列人光明的希望和未来。

---

① Exodus 25：37，37：23. *The New Oxford Annotated Bible with Apocrypha*：*New Revised Standard Version*，New York：Oxford University Press；4th edition March 19，2010，pp. 120，136.

图 10：Model of the tabernacle in Timna Park，Israel（位于以色列亭纳国家公园的会幕模型。）

这里，有三点需要注意。首先，明灯自然会放射出光亮。在整个基督教文化中，光的作用十分重要。它代表着上帝的智慧与恩泽，是指导人类回归天堂的灯塔，是帮助人类荡涤罪恶的净化器。其次，灯台和灯台上的七盏明灯都处于会幕中。这一圣所是上帝在尘世的神圣居所。除他之外，有资格进入这一圣所的人只有祭司家族。那些受到耶和华恩泽的人可以在此圣所的前方侍奉他，向他献祭。可以说，会幕是神人交感的场所。第三，灯台上盛放七盏明灯的容器代表了平安与团契。团契（fellowship）是指交往并建立密切关系，与神人交感（communion）是同义词。团契还表明了基督徒之间的亲密关系、共同追求信仰的信心，以及相互分享、相互帮助的集体情谊。

概言之，灯台和明灯都代表了来自上帝的光明、力量、智慧与仁爱。它必须置于圣所之内，置于上帝面前。灯台上安置的七盏明灯不仅反映出上帝引导以色列人走出埃及的伟大和仁慈，还预示着他后来将会派遣基督来到尘世，引领尘世中的人们回归天堂。

我们认为，罗斯金将自己这部著作命名为《建筑的七盏明灯》有着双重含义，一方面与上帝在尘世的居所——会幕一样，尘世中的所有人造建筑物都应该拉近人类与上帝的距离，促进神人交感。另一方面，与上帝的尘世居所会幕中的七盏明灯一样，尘世中所有人造的建筑物也都应该严格遵守几大法则。这些法则就是引导人类提高道德修养，拉近与上帝之间的距离，最终重回天堂的光明之灯、信念之灯。

概括地说，奉献明灯是指人类用自身技艺向上帝祭献。建筑应成为人类热爱与服从上帝的见证。在这里，罗斯金强调的是具有宗教意味或承载其它公众活动的建筑作品。这些作品见证着建造者在进行礼拜的圣殿中将自己视若珍宝的事物奉献给上帝的过程。这一过程超越了任何实用性和功利性目的。

真实明灯是指人类对于建筑材料和建筑结构的真实展示。对于材料的使用要符合其真实用途。建造方式也应真实、符合实际。这一原则要求人们摒弃任何花里胡哨、庸俗低级的装饰，寻求真正美丽的事物，加强建筑在道德或智力方面的启迪与教化功能。它还要求，在建筑中，不能表现出建筑师在建造过程中运用了任何超出其可运用手段的过多的建筑材料，或是凝聚了他们根本无法完成的昂贵的劳动成本。这些迹象都只会暴露出这种建筑不真实、不符合实际的虚妄之谬。

力量明灯是指，人类在建造时，应充分考虑建筑的主体体积，通过注入自身的精神与思想，付出体力劳动，努力追求和模仿来自外部自然的崇高性。这一原则表明，首先建筑应该稳固、结实，可以持久存在。在这一基础上，人们才可以希图通过其宏伟庄严表达自身的心智力量。

优美明灯指的是，人类通过模仿上帝的造物——自然，吸取装饰方法，来建造建筑。在模仿和创作的过程中，人类表达了对上帝的无比热爱与向往。这一原则要求建筑摒弃形式或色彩方面任何缺乏连贯性、完整性和一致性的地方。罗斯金反对使用与建筑用途和设计方案毫不匹配的装饰方式。他要求建筑师对优美、高贵和典雅的事物应怀有足够的敏感度和热爱之情。

生命明灯是指，在创作建筑作品时，创作者要全身心地投入其中，付出辛勤的劳动，并充分表达个人的思想感情。任何一个从事建筑事业的普通泥瓦匠和雕石匠都可借助这种艺术形式充分、自由地抒发心中的悲喜。“生命”一词指的是建筑师身上由上帝所赋予的、来源于直觉和本能的生命力。这种生命力可以使他自由自在地在作品中表达原创性和创新思想，避免“生产”（而非“创作”）一些毫无生命力的摹本或复制品。

记忆明灯是指，建筑应体现出一种持久统一的文化传统，应符合历史发展的客观方向。建筑师必须严格遵循他所处社会中的各种文化惯例、道德规范和价值体系。

服从明灯要求，年轻的建筑师在较长的时期内必须保持一种积极、谦虚的学习态度，必须摒弃自以为是、妄自尊大的傲慢态度，绝对不能异想天开地认为自身的能力高于任何既定的规范。他们须在遵循社会文化价值体系中最为辉煌和伟大的传统原则基础上追求创新，必须在积累了丰富经验之后，才有可能成为该艺术领域的大师。

第二节　“七盏明灯”的理论内涵及建筑的真谛

在第一章开篇，罗斯金指出，建筑是一种艺术，而且就其要素而言，是所有艺术中的第一门艺术，也是最早的一门艺术。他明确地给出了建筑的定义：“建筑是为了某种用途而对人类建筑的屋宇进行安排、布置或装饰的形式。在人们看到建筑时，精神生活会更加健康，生命力会更加强大，还能够获得更深刻的愉悦之情。”①可见，建筑是可以超越世俗有用性，对人类的宗教信仰、精神生活、道德风貌有着重大影响的艺术形式。纵观罗斯金所谓的七盏明灯可以知道，它们的重要性都是在于宗教、道德、美学，或是社会历史领域等方面的价值，而不在于通常人们所说的实用价值。这种“无用”特质不会为人们带来任何直接、迫切的利润或好处。正是这些明灯所共有的“无用”特质将建筑艺术作品与寻常建筑物区分开来。换句话说，建筑作品是否由工匠纯手工制作而成、是否充分彰显了创作者的创作活力、是否传承了道德标准、是否完

① Ruskin, John. *The Seven Lamps of Architecture*, New York: J. B. Alden, 1885, p. 15.

整地保存了前辈在历史长河中流传下来的可借鉴之处等问题虽然并不是人们在实际生活中所关心的，但却都赋予这种艺术作品以及创作者本身一种自主存在的价值，因此至关重要。在论述“奉献明灯”时，罗斯金就曾说过：“建筑艺术促使我们贡献出珍贵的事物，并且我们也不计较这样做是否有用或是否必要。”①它是无关利害的、不计较任何实利、不问任何目的的艺术形式，是爱、神性与道德的有机结合和充分体现。

因此，作为审美对象的建筑，其重要性并不在于它能够为人类提供遮风挡雨、繁衍生息的场所，而在于它能够从精神和道德层面使人获得愉悦。基于这一点，罗斯金首先对建筑（architecture）与建造之物或建筑物（building）进行了区分。可以说，凡是建筑都会对人类的思想产生某种影响，而不只是为其提供物质上的服务。建筑物则是人类追求物质生活的形式。实际上，这种区分在我们汉语中并不常见。因为从本质构成而言，这两者并没有什么不同，创造它们的人都被称为建造者或建筑师。而且，在惯常的指涉中，建筑也无法脱离建筑物的实体。但根据罗斯金的划分，建筑的审美和道德训教价值都要高于建造之物。建造之物的范围比建筑更加宽泛，“一切优秀的建筑都必须建立在优秀的建造之物基础之上”。建筑要求在寻常建筑物的实用性之外再加上非功利性的着力与用心，是显现出一种特定性格的建筑物，而不仅是实体性存在。换句话说，罗斯金认为，建筑等于建筑物的实体再加上某种抽象的精神（包括宗教、道德、社会方面的价值）。总而言之，建筑物或建造之物只是世俗存在，而建筑的精髓则在于超越建筑物实体存在的精神。

① Ruskin, John. *The Seven Lamps of Architecture*, New York: J. B. Alden, 1885, p. 17. “This Lamp, or Spirit of Sacrifice …… prompts us to the offering of precious things merely because they are precious, not because they are useful or necessary.”

虽然为了方便起见，人们已习惯用建筑来称呼用土木搭建出来的结构物（即建造之物或建筑物），但真正意义上的建筑却实难觅得。

根据罗斯金这一区分，可供人们抒发宗教情感、加深宗教体验的宗教性建筑；或是可供人们寻求灵魂慰藉、并收获精神性愉悦的艺术性建筑，抑或是旨在提高公众凝聚力的公共性建筑都会从大家司空见惯的平庸建筑物行列中脱颖而出，成为名副其实的建筑。

这种关于建筑与建筑物之间的分野其实十分抽象，既不是关于材料或建造过程中的特殊要求，又不是某种通过其名称就可辨认清楚的显著特点。以罗斯金看来，将两类事物区分开来的重要原则就是其发挥的功能是否有用。[①] 有用的含义就是实用性强。根据这一原则，他划分出五种不同建筑物[②]——住宅性建筑物（domestic architecture）、军用建筑物（military architecture）、公共建筑（civil architecture）、纪念性建筑（memorial architecture）和宗教性建筑（devotional architecture）。就实现“建筑”这一性质的程度而言，这五种建筑物是呈阶梯性渐高变化的。换句话说，住宅性建筑物的世俗意味和实用性最强，主要以服务于人类而存在，因此只是建筑物。而地位最高的宗教性建筑，世俗意味和对人的有用性最弱，神性最强，因此是具有强烈宗教价值的名副其实的建筑。

可以说，建筑所必需的神性、超脱功利性与世俗建筑物的有用性是不相容的。在以上五种建筑功能形态中，前两种（住宅性建筑物和军用建筑物）之所以被列为建筑物，是因为其共同点都是私人性的（private）。它们均是应人类的基本世俗需求而生。这两种建筑物都“只是基于自律性的考量，才希望进行自我牺牲的克己之举，希望舍弃自身

① 这里的“有用”是惯常的功利性指涉。

② 这里的“建筑物”是广义上的，包括建造之物（狭义上的建筑物）和建筑。

所珍爱和渴望的事物”。[①]这种态度会使人类根据最贴身的需求，采取最经济实用、最省事的设计方案进行建造，只需要满足人类对居住、防御的简单需求即可，不涉及任何多余、无用或是为了美而美的形式。因此，这两类只能被列为建筑物。绝大多数这类建筑物无法成为建筑并不是因为其形式上的卑微或简陋，而是因为在其实用价值之外，并没有任何高尚的精神性、价值性的表达或诉求。人们对于这种建筑物的要求往往也只满足于显而易见的实用功能，因此在建造过程中投入的行为也宛若蜻蜓点水，往往履行世俗需求即可，鲜有大量牺牲和奉献精神的投注。

而后三种建筑物（公共性建筑、建筑性建筑和宗教性建筑）的共同点在于其公共性用途（public）。这三类建筑物之所以被视为建筑，是因为它们都远超出功利性之外，是在非实际的“无用”动机指引下创造出来的文明产物。人们建造这类建筑的出发点是出于寻求心灵归宿的渴求，对远高于自身的领导者和神明安全庇护的期冀，以及使自己更加安全、更加强大的理想。因此，这类建筑的建造目的是为了尊重和取悦他物。正是出于这种目的，人类会将教堂寺庙等祭祀场所建造得富丽堂皇。在世俗建筑，如尊贵的皇家宫殿和贵族府邸中，人们也常常会看到精美的建筑艺术作品。这类建筑艺术的使用者（统治者、王侯或神明）都不是其创造者本身（普通工匠或人类）。他们在社会地位和资源占有方面都远高于建造者。正因为如此，建造者们就会超越自我的世俗需求，充分投入人力、物力和任何其他资源，希望取悦于使用者。在这一

---

① Ruskin, John. *The Seven Lamps of Architecture*, New York: J. B. Alden, 1885, p. 15. “The first, the wish to exercise self-denial for the sake of self-discipline merely, a wish acted upon in the abandonment of things loved or desired…”

过程中，他们创造出了传世的建筑艺术珍品。

这类存在就是这样超越了世俗功用，成为建筑中的建筑。创造者必须竭尽全力，秉承牺牲奉献精神，注入超出其原本水平的心力和物质成本，不断挑战和突破自身局限性，以期使建筑呈现出最佳效果，务求感动各路神鬼或取悦于社会经济地位居于上风的统治阶层，目的在于为自身求得美好无上的回报。在这一过程中，人们不仅会增强公众和社群的凝聚力，达到祭天祀地、敬神祈福等宗教性目的，而且还可以实现自我的完善和发展。在这种非实用性建筑的设计建造过程中，人类十分强调非实用性的象征意义，因此投入其中的物质财富和精神灌注都是蔚为壮观的。这类付出的目的并非出于实用性、功利性等要求获得瞬时回报的想法，而是带有极强的牺牲奉献精神。在这一精神指导下，人类摒弃了对功利性价值的追求，或是以投入功利性价值为代价，追求在建筑中实现更为深刻、更为高尚的内在价值。建筑与建筑物的这种区别充分反映了罗斯金所处英国社会中的一种普遍现象。当时，社会繁荣发展，人们在建造房屋乃至从事任何活动时，都最注重经济效益。在这一社会风潮指引下，粗制滥造的建筑物鳞次栉比，真正堪称“建筑”的珍品屈指可数。

总而言之，罗斯金所谓的建筑和建筑物的区别和联系在于以下几点。就创作过程而言，建筑比建筑物注入了更多牺牲和奉献精神，投入了更多人力、物力、财力和精神。就功能而言，建筑是在建筑物遮风挡雨的实际效用之外加入了精神性、抽象性的神圣冀求。就用途多寡而言，建筑强调的是从大处着眼、超越人类个体的公共用途，偏重于精神需求，而建筑物则只是关注于从“小我”出发的私人之用，偏重于物质欲望。建筑不是我们目之所及矗立于天地之间的所有建造之物，而是在人类忘却或摒弃了任何世俗功利和实用念想时，在一种无比虔诚、无比纯粹的牺牲和奉献态度引导之下进行的装饰和雕琢。它体现了一种远远超越世俗世界的关怀，不受制于任何实用或功利标准。其发生原因和动力必须要超越日常之用。而且，尽管它不牵涉任何衣食住行等即时的生存之道，却关乎整个人类生存的终极意识及其建构于其上的终极价值和道德体系。只有为了达到神圣目的而不辞劳苦、不惜投入任何财力物力，人们才能创造出建筑。可见，这种牺牲奉献精神不仅使建筑艺术形式具有更加可贵、超越世俗、更值得推崇的属性和品味，也会让投身这种奉献牺牲行为的人类更接近神性，实现自我价值。正是在这个意义上，罗斯金引入了建筑七盏明灯中的第一盏——奉献明灯。

一、奉献之灯（The Lamp of Sacrifice）——建筑的无用之用

他首先对“奉献之灯”做出以下定义：在奉献这一原则指导下，我们向上帝奉献出自己的珍贵之物，只是因为这些物品本身就非常珍贵，而不是因为它们有任何实际用途。这种奉献精神要求人类怀有一颗虔敬、谦卑的心，将自己最珍贵、最难得的东西，以建筑的形式毫无保留地向上帝奉献出来。这一过程超越了任何功利性和实用目的的追求。建筑由此呈现出一种“无用之用”。

“奉献”（sacrifice）既可表示牺牲、奉献的行为动作，又可指用于牺牲和奉献的物品。这一词本身就具有十分浓厚的宗教色彩。《旧约》很多章节的叙述都可验证这一点。例如在《出埃及记》中，上帝晓谕摩西：“以色列中凡头生的，无论是人是牲畜，都是我的，要分别为圣归我。”①因此，在献祭仪式中，以色列人要满怀虔敬地献上一只头胎生

① *Exodus* 13：2，13：12，*The New Oxford Annotated Bible with Apocrypha*：*New Revised Standard Version*，New York：Oxford University Press；4th edition March 19，2010，p. 100. “Consecrate to me all the firstborn；whatever is the first to open the womb among the Israelites，of human beings and animals，is mine. All the firstborn of your livestock that are males shall be the Lord.”

的、毫无瑕疵的、公性羊羔。在针对埃及法老的打击行动中，上帝也一直在强调将埃及地中的所有长子和头生牲畜都处死："约到半夜，我必出去巡行埃及遍地，凡在埃及地，从坐宝座的法老，直到磨子后的婢女，所有的长子，以及一切头生的牲畜，都必死。"①其他章节中，也能看到很多关于头生儿子或长子身份的叙述。这是当时以色列人风俗的忠实记载。实际上，在中国古代也存在着嫡出、庶出和长幼尊卑之分。头生作为某人在身强力壮的时候所生的子嗣，②充分继承了其生命力和精神。一般来说，头生儿子能够继承两倍的家族遗产，还可以继承其父亲作为一族之长的地位和所有权力。因此，要想继承父亲财产以及家族中祖先聚居之地，都必须拥有这种地位。在《创世纪》中，以扫就曾为了获得食物将长子的名分出卖给了自己的弟弟雅各。③

上帝认为，人类十分珍视头生的、毫无任何瑕疵的、健壮的人或牲畜。如果要求他们将这些东西奉献出来，就能够试探出他们是否真的热爱自己。因此，他向亚伯拉罕（Abraham）提出要求，命令其将长子以撒（Isaac）献祭出来。不过，亚伯拉罕毫不犹豫、谦恭顺从，准备立即就献出自己的长子。但在这时，上帝又及时阻止了他。这就说明，上帝并不是真的想要人类的长子或头生牲畜，而是将提出这种要求作为检验

---

① *Exodus* 11：5，*The New Oxford Annotated Bible with Apocrypha*：*New Revised Standard Version*，New York：Oxford University Press；4th edition March 19，2010，p. 97. "Every firstborn in the land of Egypt shall die，from the firstborn of Pharaoh who sits on his throne to the firstborn of the female slave who is behind the handmill，and all the firstborn of the livestock."

② *Genesis* 49：3，*The New Oxford Annotated Bible with Apocrypha*：*New Revised Standard Version*，New York：Oxford University Press；4th edition March 19，2010，p. 77. Reuben，you are my firstborn，my might and the first fruits of my vigor，excelling in rank and excelling in power.

③ *Genesis* 25：27，*The New Oxford Annotated Bible with Apocrypha*：*New Revised Standard Version*，New York：Oxford University Press；4th edition March 19，2010，p. 46.

人类对他是否真诚的方法。事实上，在《新约》中，是最终真正将自己的儿子基督牺牲奉献出来的人是上帝。他认为这是救赎人类、引导其重返天堂的方法。这足以证明上帝对人类的仁爱、慈悲与关怀是无边的。

那么，作为献祭的物品，是不是必须是所有个体中最健壮、最完美的呢？并不是。上帝要求人类奉献出某一事物，目的是为了检验他们对自己是否忠实、是否崇敬。那些不太健壮、不太完美的祭品遭到上帝的摒弃并不是因为在质量上无法完成献祭的使命，而是因为若将这类事物作为祭品奉献给上帝，那是大大的不敬。因此无论向上帝奉献什么，祭品都必须是最好、最完美的。同样，人类也必须充分运用技巧、财富、力量、心智、时间和辛劳精心地打造建筑作品，并怀着顺从、崇拜、毕恭毕敬的纯净心绪将其奉献给上帝。

在古代，会幕等用作宗教祭拜场所的建筑承载着人类与上帝进行沟通的重要功能。在现代社会，宗教性建筑体现了人类对上帝的无比热爱和顺从之情，表达了他们完全将自己托付给上帝、完全服从于其意志、对其满怀感激和感恩之情、并对他进行持久性、永恒性纪念的坚定信念。这种人类向上帝奉献、牺牲的行为也是上帝与人类制定契约的证据，同时也是上帝始终铭记这一契约的印记。

在奉献原则中，罗斯金强调两点：第一，人类在进行这项艺术创作过程时，一定要用尽全力。只有将自己的物质财富、精神投注、聪明才智、时间辛劳等等全部奉献出来，并将之有机地结合在一起，创造出来的建筑才能体现出人类对上帝的热爱、虔敬和崇拜之情。第二，诸如这般努力应该是人类纯粹为了表达自身虔诚的宗教情绪所付出的，目的只是为了增加建筑的美，使其充当神人交感的桥梁，而绝不是由于它具有任何可以满足人类世俗需要的必要实际用途。因此，建筑中显现出的任何人类付出辛勤汗水的迹象都增加了它的美。

在当代社会中，发挥奉献功能的最典型建筑当属教堂。这种建筑承载着人类向上帝奉献的使命、凝聚着对他无穷的热爱与膜拜之情，应该建造得宏大、雄伟、宽敞、明亮。在这种宗教环境中，人类才能更充分地领悟自身的渺小、有限和不足，更加懂得依赖上帝、信仰上帝的重要意义，也会更加努力地追寻自身与上帝的交感过程，加深宗教体验。相对而言，用作私人起居或个人享受的屋宇则不应过度奢华。如果不知天高地厚地将自己的大门砌得堂皇气派，一味追求自己门口的平整，不惜任何工本将内室装饰得富丽堂皇，但却把教堂建造得狭窄局促，任凭门槛被踩烂也置之不理，那就严重地违背了奉献原则，是对上帝的严重不敬与亵渎。

不过要注意，在建造教堂的过程中人类也不能一味增加其华丽与辉煌，而是要充分表达自身的奉献精神。在整个建筑过程中并不需要任何表面上的浮华和辉煌。罗斯金指出："我们需要的并不是外表富丽堂皇的教堂，而是需要牺牲精神和奉献过程；不只是为了博得空泛、虚伪的敬仰之情，而是要在牺牲精神的指导下进行无比纯粹、无关自身利害的奉献行为。在进行奉献的过程中，重点也不在于用作奉献的实际物品，而是在于人类要始终怀有一种将自身一切毫无保留地奉献给上帝的精神，并在这种精神指导下采取的行动。"①

另外，在提出这一献祭原则时，罗斯金还是一如既往地强调道德的作用。实际上，他对宗教价值的强调与对道德修养的推崇是不能完全割裂开的。他认为，伟大的艺术是伟大心灵的表述，而低劣的艺术则只能说明创作者内心空洞无物、道德素养低下。一个愚蠢的人建造出的是平庸的房子，而聪明的人建造的房子则充分地表现出了自己的聪明才智；

① Ruskin, John. *The Seven Lamps of Architecture*, New York: J. B. Alden, 1885, p. 25.

一个有美德的人建造出来的房子是美的，而邪恶的人建造的房子则是卑贱、低劣的。从这方面来看，这条原则在现代也有很强的指导作用。在现代建筑物中，总是出现建筑师和建筑工人没有完全尽力的迹象。“我们的建筑总是散发着铜臭味，看上去凡是能偷工减料的地方总是偷工减料，得过且过，偷懒糊弄，完全看不出人们已经尽了全力。”[①]这种现象不仅是英国维多利亚时代一个严重的社会问题，也是当代中国需要坚决剪除的社会痼疾。

在这一原则下，罗斯金除了探讨宗教性建筑，还提到了另一类型的建筑，即发挥公共或国家用途的建筑。在这种情况下，奉献原则就是指建筑事业需要人们充分投入奉献精神，付出全部力量。奉献（或者说是牺牲），就是指远离个体生存价值，强调压抑或牺牲个人私欲，以期实现远超出“小我”之外的大我追求。这种奉献精神的价值就在于其本身，而不在于其他任何功利性目的，不假他求，完全独立于其可能派生出的任何结果之外。因此，在整个过程中，人类投入劳动力、实际物质和时间成本所达成的结果（不管是实体结果建筑，还是抽象结果）并不是这种付出的真正价值所在。真正有价值的是付出的过程，即奉献精神本身。

综上所述，罗斯金始终在强调宗教信仰和道德修养在建筑美学中所发挥的重要作用。人们不能一味地追求建筑的形式美，因为这种艺术并不是为了自身而存在。它应该有助于提高人类自身的宗教修养和道德价值，发挥改造和教化人类精神美德的重要作用。建筑的创造要素在于其无用之用，而艺术的本质则是人类从事与私利毫无关涉的行为，因此建筑艺术就是建造者为了向高于自身的统治者和至高无上的神明表达崇敬和热爱之情，而付出全部力量、时间、金钱和心力的行为。其真正价值

① Ruskin, John. *The Seven Lamps of Architecture*, New York: J. B. Alden, 1885, p. 27.

图 11：Notre Dame de Paris（奉献明灯之体现——巴黎圣母院）

在于这一奉献精神本身的珍贵，而不在于所造建筑的任何实用功能。

二、真实明灯（The Lamp of Truth）
——建筑的道德特质

真实明灯是罗斯金建筑美学思想中又一重要原则。其实，早在《近代画家》中，他就曾指出诚实是“所有艺术之基石”，①当然亦是建筑艺术的首要美德和基本要素。在“真实明灯”中他指出，艺术家应该存有求真的愿望，加强对真实性相的分析，积极发掘真实的表现形式，坚决反对建筑中的任何欺骗行为。他说，“我希望艺术家和工匠的心中都点燃真理的精神或明灯”。②“我们也许不能欲求博得善的、美的或充满创造性的建筑，但总可以建造出一座诚实、真实的建筑”。③建筑的种种其他缺陷（例如，寒酸可鄙的形式、拘泥于实用价值的僵化性等）有可能出自迫不得已的苦衷，或许还可以原谅，但唯有欺骗（即对真实原则的违背）是绝不可以饶恕的。

在这里，罗斯金又表现出对道德的强烈关注。真实不仅是人类的道德伦理美德，也是艺术的重要美德和需要遵循的最根本底线。在艺术领域，没有任何价值能够超越真实。无论是艺术创造需要遵循的种种细节法则，还是艺术家的天赋和付出的心血，都远不如真实性重要。艺术家究竟能够做出多大的成就，实际上就取决于他在作品中究竟传达出了多少真实。艺术品所传达的真实越多，就越见出艺术家的伟大。若违背了真实原则，那么就算他严格遵循繁琐严密的艺术法则，付出全部才华与

---

① Ruskin, John. *Modern Painters*, New York: Merrill & Baker, 1897, Vol. I, p. 21.

② Ruskin, John. *The Seven Lamps of Architecture*, New York: J. B. Alden, 1885, p. 37. “I would have the Spirit or Lamp of Truth clear in the hearts of our artists and handcraftsmen.”

③ Ruskin, John. *The Seven Lamps of Architecture*, New York: J. B. Alden, 1885, p. 39.

努力，都只是无用功，甚至还会误入歧途。

实际上，在这里罗斯金触及了美学上的“形式与内容”关系问题。他认为“形式”（艺术作品的外在形状与格局）和“内容”（艺术家通过艺术作品所表达的主题思想）应该相统一。譬如：在绘画艺术中，绘画的外在笔触、色彩和形状的处理应该与画家通过绘画作品想要表达的思想保持一致。在建筑艺术中，建筑物的外在形式和构造也一定要与其发挥的功能或履行的职能相匹配。就罗斯金最推崇的宗教建筑——教堂来说，外部形式一定要与人类礼拜上帝，并与其进行交流的功能相匹配。古希腊的帕特农神庙、古罗马的万神殿、拜占庭的圣索菲亚大教堂、哥特式建筑巴黎圣母院、圣彼得大教堂等都是艺术中的珍品，皆符合“形式与内容相统一”的原则。

这种对内容与形式相一致的强调与他之前提出的奉献原则有着很大联系。根据奉献明灯原则，在向上帝奉献时，在传达对上帝的热爱景仰之情的宗教性建筑以及超出自身小我用途之外的公共性建筑中，人们一定要选用最完美的材料，也一定要投入全部的心力、智力和财力，力求将其建造得美轮美奂、无与伦比。这绝不是为了任何虚妄的表面目的，而是为了表达人类对上帝的无比崇敬与热爱之情，以及对高于自身的统治者的服从与膜拜。人们将建筑物（特别是宗教性建筑物）造得富丽堂皇不只是为了从形式上吸引人们的眼球，还为了使它承载人类与上帝进行交流、对上帝进行膜拜祈祷等神圣的内容。在这个意义上，建筑就是这样一种内容与形式相统一的艺术形式。

因此，只要不乏真实性，建筑的任何寒酸破败相，或是任何拘泥于实用性的缺点就都可以原谅。但如果一味盲目追求建筑物的外表，甚至不惜在选用建筑材料和付出劳动力方面造假，违背真实原则，则必会导致建筑艺术走向衰败。但是，在日常所见的建筑物中，这些欺诈行为并不少见。罗斯金的态度很明确：为了确保建筑质量这一实际问题，必须首先摒弃这些不真实行为。而且，这种不诚实行为与道德方面的不正当行为（moral delinquency）一样，都是极为错误的，应该予以强烈谴责。

具体来说，基于对当代建筑的观察，罗斯金指出，建筑方面的欺骗性主要体现在以下三个方面：

第一种建筑方面的欺骗性是指建筑中任何名不副实的结构模式或支撑形式。例如：后哥特时期屋顶的悬饰。罗斯金所谓这种结构形式方面的欺骗（structural deceits），是指建筑物对结构的刻意强调或掩盖，认为这两种极端行为的动机都违背了真实原则。作为结构的集成体，建筑物必须以毫无矫揉造作的自然方式将这种复杂结构呈现出来。即使这种结构方面的精妙性不为一般人所觉察，但有心的观察者也必定能够发现或体会结构的存在及其精妙所在，①因为“每座建筑物都有其独特的需求和缺点”，而“好的建筑物便是能以慧心独具的解决之道与克服之法实现建筑的真谛者。”②可见，掌握结构知识有助于我们“阅读”建筑这首无声的诗作。罗斯金进一步解释，能够真实传达力学概念的建筑即美的建筑，只要“量体的每一线条与支柱都根源于基石”，③就算朴实无华，也丝毫无损于其自然之美。他还特别指出并批判了在建筑表现中为了呈现石质结构，但实际上却以木质结构掩人耳目等不诚实行为。石质结构就应该以石质结构的构成方式呈现出来，而不能伪装为木质结构的形态，而木质结构的建筑同样不能采用石质结构，进行虚假造作的呈现。可以说，结构上的欺骗就是前面所说的形式上的欺骗，最终后果必

---

① Ruskin, John. *The Seven Lamps of Architecture*, New York: J. B. Alden, 1885, p. 40.

② Ruskin, John. *The Seven Lamps of Architecture*, New York: J. B. Alden, 1885, p. 37.

③ Ruskin, John. *The Seven Lamps of Architecture*, New York: J. B. Alden, 1885, p. 37.

图 12：Pedants of late Gothic roofs（后哥特时期屋顶的悬饰：位于法国中北部特鲁瓦的圣玛德莲大教堂的悬吊式穹顶）这种悬饰就属于与建筑骨架无关联的赘生物。

然是导致内容与形式相背离，建筑以有悖于自身真实构成的方式虚假地呈现出来。

第二，若在建筑表面进行漆刷，或使用虚假材料，使之看起来似乎是由与实际用材相悖的材料建造而成（例如将木材做成大理石花纹形状），或是在建筑上加入任何欺骗性、蛊惑人心的仿浮雕装饰，达到以假乱真的不真实效果，导致观者做出错误判断，那么这种欺骗就属于表面欺骗（surface deceits）。譬如：在砖的表面贴上宝石，使观赏者误认为整个砖块都是宝石；将一条水泥做出树干的模样，让观赏者误以为它就是树干；或是将木头表面漆上酷似大理石的纹理等等做法都属于表面欺骗。罗斯金指出，“诚实是操作的准则，别让虚假的装饰包覆在建筑表面”，①因为建筑表面是最接近观赏者眼睛的地方，覆满外墙的虚假装饰会冷不防地把观者眼前的建筑实体剥夺走，因此乃是虚伪的愚人之术。建筑最适当、最真实的颜色就是原色，而原色指的就是砌石本身的颜色，灰石与稻草强过任何虚妄外表。罗斯金指出，材料的虚假呈现之所以令人无法忍受，是因为“所有追求类似的模仿都是极其低下、卑贱的，绝对不能允许”。

第三种建筑的虚假形式是操作方面的欺骗（operative deceits），指的是建造过程中的欺骗行为。在这里，罗斯金对浇铸或用机器制造而成的任何装饰物都表达了厌恶和反对之情。在他生活的英国工业社会中，建筑艺术形式中的这类装饰物随处可见。由于它们在形式方面的误导作用，人们会误以为此时的建筑依然是手工打造的产物。但实际上，在工业大生产的席卷下，建筑产物已经不再是投注了大量心血和时间、凝聚着建造者无上奉献与热爱精神的建筑。这些粗制滥造的建筑物都试图以

① Ruskin, John. *The Seven Lamps of Architecture*, New York: J. B. Alden, 1885, p. 24.

图 13：以假乱真的水泥假树，为罗斯金所深恶痛绝。

抄捷径、耍聪明等自以为是的方式来获得罗斯金在奉献原则中提倡的价值理念。而这种表象只能说明建造者根本没有清楚地认识自身的不足和有限，在原本应该表达自身虔诚与奉献精神的建筑中偷奸耍滑、欺骗奉献的对象，有时甚至还在这类欺谎的过程中盲目沾沾自喜。这种态度完全违背了罗斯金所提倡的要摒弃自身私利追求，全身全力投入奉献精神的原则，因此成了人类道德败坏的印记。因此，他的态度十分坚决："无可让步，严正拒绝。"①

每一件成功艺术作品的诞生都应承载着创作者充分发挥个人心智、饱含辛劳和汗水的独特创作历程。它为人类带来无可替代的审美体验，并拥有无上价值的根本原因正是这种过程。这就像钻石的珍贵之处就在于人们在开采过程中所花费的时间和精力，即付出的整个过程。在罗斯金眼中，那些粗制滥造的建筑物像廉价商品一样沦落，其原因并不在于所用材料之廉价或形式之简陋寒酸，而在于其中缺失了人类独创精神和才智的投入。观赏主体在这样的作品中看不到任何创作者真心付出的痕迹。更有甚者，这类作品在形式构成上大都一成不变、粗制滥造，试图依靠骗取蒙混来得到观赏者的同情与欣赏。相反，观者在观照真正的艺术时，之所以感悟到可贵的精神，是因为他们在其中能够感受到自身的极限，并不断试图超越。随着机器大生产的发展，机械的介入则使人类突破自身极限的行为沦为一件最没有意义、最违背时间效率的事。因此罗斯金认为，充斥着机械制造痕迹，大生产过程被批量制造的建筑物即使数量再多，装饰物再堆砌也比不上一片手工制作的陶瓦有价值。因为蕴含着人类智慧与辛勤汗水的手工作品及其价值绝不允许被任意剥夺或取代。

---

① Ruskin, John. *The Seven Lamps of Architecture*, New York: J. B. Alden, 1885, p. 53.

综上所述，罗斯金论述三种欺骗形式归根结底是指向同一问题，即人们在道德方面的堕落。通过真实原则的探讨，我们明显看出，尽管对上帝的作用依然十分推崇，此时的罗斯金已经转而关注人类的能动作用，强调他们在建筑这种艺术形式中应该投入全部心智、时间、财力和精神，实现作为上帝造物的价值，绝不应该自动放弃想象力、创造力的发挥空间，甘愿沦为机械和物质的奴隶。

三、力量明灯（The Lamp of Power）
——建筑的崇高力量

前面已经说过，在力量明灯原则下，罗斯金对崇高这一美学范畴进行了论述。因此，这里的“力量”（power）与他在“优美明灯”一章中谈及的美（Beauty）是一组相对的美学概念。西方美学传统一向认为，人类的美学体验可以划分为美与崇高两个不同层次——崇高感来源于壮阔、雄伟的事物，美感则涌现自优美、纤细的形式。①从大体上来说，罗斯金的探讨也沿袭了这种传统，但由于福音派宗教信仰的浓厚影响，他并没有以“崇高”之名直接称呼这种美学范畴，而是选用了意义较为模糊的“力量”一词。②我们还记得，《近代画家》中进行论述时，他曾将崇高视为应该被美容纳在内的一个不十分重要的范畴，试图将其纳入自己那种以静穆、和谐为特征的统一性美学。后来尽管想法发生改变，承

---

① 最早提出崇高说的埃德蒙·伯克（1729－1797）是从情感、情欲机制的运行方式来评析崇高与美的区别。温克尔曼（J. J. Winckelmann：1717－1768）与康德（Immanuel Kant：1724－1804）均是从主观感受的角度出发，将崇高作为一种美学体验进行评论。这三者均是从观者的立场出发。而在“力量明灯”中，罗斯金则把崇高视为一种艺术形式的操作方式，是从创作者的立场进行探究。

② “力量”既可以表示建筑给观者留下的印象，也可指创作过程中创作者自身聪明才智与创造才能的迸发。

认了崇高与美的区别，但他始终都未正面讨论过这一美学范畴。

在《建筑的七盏明灯》中，他似乎找到了一个非常适合探讨崇高这一范畴的时机。此时，他既可以深入讨论崇高范畴所涵盖的人类主观性和情绪反应，又可以将前面论述的建筑的奉献精神和之前讨论的宗教性敬畏联系起来。这个时机就是“力量之灯”的建筑原则。不过，此时他强调的“力量”原则与其在《近代画家》中表达的带有传统思想色彩的崇高看法还是存在一些不同。因为，与前人对崇高情感特征与心理机制作用的强调不同（即从观赏者角度探讨崇高感之发生方式），此处罗斯金更加重视艺术形式的来源与创作方式（即从创作者角度探讨崇高性之营造）。换句话说，此时，他更加重视艺术形式的创作源泉及其操作方法。在这个意义上，他使用的“力量”一词就不仅强调审美客体的崇高特质对审美主体心灵的影响，也意在涵射崇高的审美体验来源于人类力量（体力、智力和心力）的自我展现。

我们之所以认为罗斯金在建筑艺术形式中论述崇高性非常恰当，是因为在这一艺术形式的创作过程中创作者的作用十分重要。在这种过程中，创作者必须要注入发自内心的纯粹的奉献精神、聪明才智、自身个性、财力物力等，使建筑的价值体现得淋漓尽致，不需要借助任何外在事物而存在。如此建造出来的建筑绝不是粗制滥造、千篇一律的建造物，而是出类拔萃、当之无愧的建筑精品。

我们在论述罗斯金的崇高观时已经指出，他在“力量之灯”一章中区分出了两种艺术形式：派生性的（derivative）和原创性的（original）。派生性艺术形式是模仿自然而生。创作者在作品中表现出美好、美丽、优美等特质。而原创性艺术形式则是直接发源于创作者的心灵，及其在作品中展现出的崇高伟大力量。在凝照这两种艺术形式时，人类收获的美感体验和情绪反应也不同：派生性艺术形式引发的情绪回应是愉悦、快乐的爱慕之情（admiration）；而原创性艺术形式则使人获得肃穆、崇高的敬畏之情（awe）。爱慕之情是源自人们在凝照珍贵、精妙、娇小、优雅等特质时油然而生的爱怜；而敬畏之情则是指他们在身处严峻、神秘与庄严等氛围中所产生的热烈自发的情绪反应。这种敬畏之情就是崇高感。罗斯金曾指出："第一类作品以其卓越的珍贵与精美特点著称，能引发我们浓情脉脉的喜爱之情。另一类作品则以严峻、神秘、伟大等特质著称，能够唤起我们的敬畏之情——就像在面对某种伟大的灵性力量，亲眼见证其运作时所感受到的那样。"①

在这里，他讨论了历来为美学家们所关注的艺术形式与观者情感反应之间的关系，探究了艺术形式的创作发生过程，侧重艺术形式与主观情感的关系，特别强调了创作心灵与艺术形式之间的互动。其实，派生性艺术形式和原创性艺术形式并不是两种截然不同的艺术类型。罗斯金主张的更像是从一件艺术作品的特质中去辨识两种不同的艺术来源：模仿自然的艺术形式是派生性的（from nature），而从创作者真实心智中涌动出来的则是原创性的（from human mind）。自然本身是上帝创造的杰出作品，是人类在艺术创作过程中进行模仿的最佳范本。它以万象传达出上帝对人类的温暖与慈爱，每一处美的形式皆是为了诉说来自上帝的语言，彰显上帝的神性，帮助人类领悟这种神性，并对其进行赞美和崇拜。而人类的心智则提供了一股自发、纯粹、强烈的创作源泉。人类感受到宇宙以及生命本身的震撼，并从中汲取灵感，以庄严雄浑的艺术形式表现出深沉壮阔的崇高美，同时也表达出对统御万物的神灵的觉知和崇敬。在同一件艺术形式中，这两股创作力量都可以存在，并得到表达，而最终的表现形式则取决于这二者不同的存在比例。

---

① Ruskin, John. *The Seven Lamps of Architecture*, New York: J. B. Alden, 1885, p. 70.

这种对艺术形式的二元划分，乃至对世界组成的二元划分，都来源于神与人的区别，是西方美学传统中惯有的思维模式。这种概念的发端始自古希腊人将属自然的事物与属艺术或人类创造之事物区分开来的做法。自那之后，在西方美学与哲学中，学者们都习惯于区分此类存在：即作为上帝造物的、独立于人类的自然存在，以及由人类创造出来的、可借人力而改变的人类造物。在罗斯金的世界观与宗教论述中，这种二元的思维方式也很常见。从上面的论述中也可看出，这种二元分法亦被他带入了建筑美学的讨论中。事实上，这两者并不能完全割裂开来，因为派生性和原创性这两种艺术形式的出发点无论是源于自然，还是源于人造，都必须由人来实践完成。人自身与自然一样，亦是上帝创造的作品。他运用上帝赋予的神性模仿上帝的造物——自然，并创造出艺术作品。他的创作形式不仅是自身心智臻于完善的产物，毋庸置疑亦是自然的一部分。在这个意义上，人既是上帝的造物，又是其神性的延伸；既是自然客体的一部分，又代表了上帝意志之主体呈现。除了作为艺术形式的发生者来主导创造过程之外，人类同时也是艺术形式的最终观赏者与接受者。

而就艺术欣赏而言，在观照来源于自然的艺术形式时，人们也会对美好的事物有所体悟。客观对象那种珍贵、精美和娇小的特质会使人们获得愉悦的美感经验。而源于人类心智的艺术形式则传达出力量、肃穆、庄严、震撼力等，激起观者对崇高形式的敬畏之情。因此，美感源于人们对娇小、精美事物的爱慕之情，遍及所有处于人力掌控范围之内的审美对象；而崇高感则来自于对雄浑壮阔事物的惊惧之情，涉及一切人力之外的事物。在这一部分，罗斯金侧重的是雄浑壮美的论述，探讨源于心智之臻美的原创性艺术形式如何表达崇高感的力量与深沉。

用图示将两种艺术形式的创作方法以及在观者身上引发的情绪反应

综合起来，就是：

英文表述：

Nature—Beauty—gathering—derivative forms—Admiration

God⇨

Human—Power—governing—original forms—Awe

中文表述：

自然—美—采撷—派生性艺术形式—爱慕之情

上帝⇨

人类—力量—统御—原创性艺术形式—敬畏之情

在这里，建筑物[①]所展现出来的艺术处理形式不外乎采集（gathering）或统御（governing）两种。“采集”表现出人类对上帝造物的“合宜而谦虚的尊敬”，而“统御”则基于“对上帝造物的赠予享有管理权之了解”。[②]一位建筑师的成功秘诀就在于他知道该采撷哪些原材料，以及该如何统御这些艺术形式。[③]前一种技能是对客观物资材料的选择得当，而后一种技能则是主观聪明才智的运用得当。在《威尼斯之石》关于装饰的论述中，罗斯金也曾谈到人类对材料的处理包括两个层次：一为表达，二为整合。这正类似于此处有关采集与统筹观念的划分。前者指直接汲取自然之美，并通过得当运用素材，表现事物本身令人欣赏和爱慕的优点，以自然形式传达愉悦之情的审美体验；而后者则

① 不同于上文提及的与“建筑”相对应的“建筑物”，此处是泛指。

② Ruskin, John. *The Seven Lamps of Architecture*, New York: J. B. Alden, 1885, p. 72.

③ Ruskin, John. *The Seven Lamps of Architecture*, New York: J. B. Alden, 1885, p. 71.

是使心灵秩序与精神力量作用于原本混沌无序的外部环境，充分表达心声力量，建构出一个雄浑、壮阔的整体，秉承原创精神，以独特洞见将看似平庸无奇的部分组合起来，使其散发出整体壮阔之协调、完整与圆满，同时每一个细节也都闪烁着神性光芒的过程。这种过程正是人类才智的极致体现。人类运用采集能力在整体外界环境中，搜寻和发现令自己收获愉悦审美体验的素材；同时又藉由统御能力主动塑造、建构崇高，在比例取舍、安排布置的创作过程中，使心灵的伟大力量得到无限呈现。

综上所述，在力量明灯这一章中，罗斯金所论述的崇高感诞生于人类心智力量的极致展现，彰显了他们在万众平庸中发掘壮阔之美，以及将每个平凡细节都注入个人的灼灼生命力、创造力与想象力，以使其幻化为外界自然伟大整体之部分的能力。在这一创作过程中，人作为上帝的造物，将自身力量发挥到极致，充分体验自己作为上帝造物的无限荣光，深刻体悟对上帝的热爱与膜拜，追求与他的交感和互动。我们可以看出，由于宗教信仰之变化，此时罗斯金的侧重方向已经由上帝转向尘世人间。他逐渐重视人类在艺术创作过程中的能动作用和主观情绪反映。不过接下来，在论述与人类力量表现之崇高感相对应的美的范畴时，他又重新回归了对上帝重要性的讨论。

四、优美明灯（The Lamp of Beauty）
——建筑的形式之美

在“力量明灯”的探讨中，我们知道，艺术形式的性质可以分为凭借外界自然之存在而生，以及涌现自人类内心之感触两种形式。而“力量明灯”正是探讨了从人类内心深处自发涌动出来的“崇高”力量。而在“优美明灯”一章中，罗斯金延续了自己在上一章的美学议题，讨论了优美的艺术形式。与崇高感乃人类心智力量所酝酿不同的是，优美单纯的艺术形式给人们带来的愉悦感源于上帝创造的自然形式。此时，尽管宗教信仰已发生了重大变化，但罗斯金依然认为自然是上帝的造物，万物都显现出和谐统一的法则与韵律。即使是源于人类心智臻美形式的崇高范畴也应该呼应自然万物的法则。所以，此时，他又重新讨论了统一性、通则性的，彰显万物神性的优美范式。在我们看来，似乎是由于在“力量明灯”中对崇高进行论述之后，罗斯金感到对人类力量的强调违背了自己深层意识中对上帝的热爱，心中略感不妥，于是紧跟着就对作为人类力量源泉的来自上帝的美的形式进行了论述，似乎是为了提醒读者时刻铭记他对上帝的信仰和强调。或者是，之前的思维习惯让他认为这么做是较为安全、可靠的。

他指出，上帝通过人的肉眼所熟悉的日常世界，将美的性质和形式遍及尘世所有造物，并使人天生就喜爱这些造物，也有能力从中获得愉悦，产生美感。因此，在模仿上帝所造之美的形式时，人类就应该从作为上帝造物的自然形式中采撷，并汲取灵感，以获得上帝启示的感召，进行创作。自然不仅是人类艺术灵感的源泉，赋予他们创作的才能，还时刻提醒他们要铭记上帝神性的存在。人类一切艺术行为中对自然之美的模仿永远先于自我的创造发明。在所有人类创作的艺术形式中，美的形式是最接近自然之美的形式，同时也是最接近上帝的形式，而远离自然之美的艺术形式当然就是丑的艺术形式。

罗斯金所谓的美存在于人类所熟悉的自然事物中，不包括现代工业社会各种人造环境中的高楼大厦、水泥砖瓦等物。因为大自然包含着一切源于上帝的美的典范，蕴含着天启智慧和神的意旨。人类应做的就是辨识这种旨意和智慧，并通过艺术作品将之呈现出来。在这一过程中，他们自身的心智力量也应得到充分施展。不过，在艺术创作中，虽然这种心智可以展放徜徉于无极无限之境，但创作者也要时刻保持对上帝和自然之美的倾慕与爱戴，积极从中汲取创作灵感，并将其作为创作的发端根源。可以说，在所有人类创作的神来之笔中，皆可见出上帝法则的影子。观赏者透过这些神来之笔，皆可见出上帝的神圣，见出人类对这种神性的深刻体悟与信赖。这里他论述的似乎是一种模仿性艺术。

在《威尼斯之石》中谈论建筑装饰时，罗斯金也曾提到“所有高贵的装饰都是人类对上帝造物感到喜悦的表现”，①而那些“不高贵的装饰”，则反映了“人类对自己所为的盲目沾沾自喜情绪”。②好的建筑装饰是我们对优美事物怀有喜爱的印记，而这些为人类所喜爱的优美事物正是上帝的作品。上帝之所以创造这类作品就是为了使人类在这个世界上获得愉悦和满足。③反过来，人类创作出神来之笔则是为了回应上帝的创作，铭记对他的崇敬与爱意。我们知道，罗斯金总是习惯于将自然、人类智慧与文明的诉出根源皆追溯至上帝，因此他认为，人类对于美之形式的感应乃至整个创作过程都必须先从自然中汲取美的形式，正确体悟美的真谛。只有遵照清晰、准确、可靠的美的标尺，我们才能顺利迎来美的形式之发明创作。

可以看出，在对待“力量明灯”和“优美明灯”的态度方面，罗斯金始终坚持优美明灯是前提条件，若不点亮这盏明灯，力量明灯就只能归于黑暗、沉寂。我们也知道，在撰写和出版《建筑的七盏明灯》一

---

① Ruskin, John. *The Stones of Venice*, Boston: Dana Estes & Company, Vol. I., p. 56. “All ncble ornamentation is the expression of man's delight in God's work.”

② Ruskin, John. *The Stones of Venice*, Boston: Dana Estes & Company, Vol. I., p. 100.

③ Ruskin, John. *The Stones of Venice*, Boston: Dana Estes & Company, Vol. I., p. 100. “The second requirement in decoration, is a sign of our liking the right thing. And the right thing to be liked is God's work, which He made for our delight and contentment in this world.”

书时（1849年前后），尽管对自己的宗教信仰已经产生了很大怀疑，但上帝在其心中的地位依然是不可撼动的。他始终认为，自然和人类皆是上帝的造物。自然万物皆体现出上帝的神性。而人类作为上帝的造物，身上也承载着一部分神性。上帝创作万物的目的就是使人类通过热爱它们，来领悟上帝之神性，同时知晓自身的价值就是在将自身力量（包括创作力、想象力等）发挥到极致的艺术创作过程中，臻于完美，亲身阐释作为上帝造物所具有的神性，加强宗教和道德修养，缩短与上帝之间的距离。

不过他还指出，对美的判定形式并不仅仅以接近自然、源于自然为标准，还有另一标准——“频繁度”（frequency）。罗斯金认为，这是评判某一形式是否为美的检验标准。换句话说，越美的艺术形式出现得越频繁。可以说美源于上帝的造物自然，美的标准在于其能见性，以其频繁与否验证着人们的美感。“最自然的形式就是最常见的。”[①]在平凡世界人眼所熟悉的事物中，上帝留下了美之形式的烙印。他的旨意就是要让人类天生就喜爱这类形式。[②]如果某物是上帝所造自然之物，但对于人类而言出现得不够频繁，就仍无法达到美的标准。罗斯金在文中举出某一稀有金属的例子——铋金属的结晶形式。他指出，由于自然界还未发现纯净的铋结晶存在，故这种结晶无法从自然中获得，必须经过人工提炼。罗斯金以此为证，指出这种形式不仅很丑（ugly），还很畸形（monstrous）。它之所以丑是因为它很稀少、很罕见，是因为人们对它很不熟悉，也是因为它与其他人类天生就会爱的事物不一样。[③]

① Ruskin, John. *The Seven Lamps of Architecture*, New York: J. B. Alden, 1885, p. 87.

② Ruskin, John. *The Seven Lamps of Architecture*, New York: J. B. Alden, 1885, pp. 87-88.

③ Ruskin, John. *The Seven Lamps of Architecture*, New York: J. B. Alden, 1885, p. 88.

此处，罗斯金的思想暴露出前后不一致的特点。前半部分他的看法是自然可以为人类的艺术创作提供美的形式，指导他们从中领悟来自上帝的旨意，并在模仿和创作的过程中领悟这种神性。而后半部分他又指出人类肉眼所不熟悉、不了解的外部事物有丑的嫌疑，似乎试图用人类的有限视角来解读上帝的造物世界。我们还记得，在《近代美学》论述美的六种范式之前，他曾经严厉批判过“美来源于习俗”的观点。当时，他对这种看法深恶痛绝，认为这实际上是一种试图用人类有限视角来界定上帝无限神性的僭越行为，应该予以摒弃。但是，此处他将是否为人类常见、熟悉作为研判美的标准，似乎又在说习俗和习惯可以缔造美，强调人的主观经验对美之体验的重要作用。因为如果某物为人类所常见，那么自然会渐渐为人类所习惯。

我们曾论述过，罗斯金美学思想中这种前后不一致的现象并不是只有这一处。对于这种现象的理解，也要从其宗教信仰的变化过程入手。在撰写这一部分时，他依然强调上帝至高无上的地位，认为其是世间一切美之形式的源泉，但是对于人类的主观经验和情绪反应在美感体验过程中的重要作用，他亦有了很清晰的认识。这种不一致的现象正是罗斯金宗教观念发挥作用的结果，充分展现了其美学思想的丰富性。接下来，我们就将关注另一建筑法则——生命明灯。在这一部分，他又重新回归关于艺术创作者的讨论，侧重创作主体对作品的能动作用。

五、生命明灯（The Lamp of Life）——建筑的创作之魂

首先，要关注一下本章与前两章的联系。我们知道，在《力量明灯》中一章中，罗斯金阐释了创作者心智的力量，指出这种力量对艺术作品的重要作用，强调人的主观能动性。在“优美明灯”中，他又在上

帝的造物——自然中，设定了美的标准，指出正确的艺术形式要模仿自然，强调上帝的本源和统御作用。而在本章中，他又回归创作者本身，从建筑艺术创作的大环境出发，对创作者的心智提出某种约束。

在这一部分中，罗斯金非常注重建筑师和工匠在建筑过程中的主观参与，侧重工艺技艺（craftsmanship）的弘扬。他指出，最美好的建筑乃是中世纪石匠快乐专注其中，投入全部身心、创造力和想象力，打造而成的焕发出灼灼生命力的“不完美”作品，而不是现代工业社会中劳动者被禁锢了手脚，创造力、想象力趋于干涸的成批成套、粗制滥造的“完美”产品。从这里可以看出，罗斯金的批判视角已渐渐转向社会。在他眼中，建筑所产生的外部环境比其自身的单纯形式构成更为重要。在大的社会视角中，创作主体的心智以及思维方式都会受到影响，发生变化。社会不仅影响着建筑艺术作品的创作过程本身，关涉建筑评论、审美体验等标准，还决定着生活在社会中的人采取何种视角看待、鉴赏，乃至自己动手酝酿和创作建筑艺术作品。工业社会和资本主义大生产恰恰是以压榨劳动匠人的肉体、禁锢其创造力和生命力、麻痹其创作心灵为代价，盲目追求经济效率和利润，导致违背了创造者自身意愿的、传达出痛苦、冷漠、压抑、麻木等情绪的批量产品充斥于世。真正高贵的艺术作品应该反映出社会基层中绝大多数劳动匠人阶层的高贵的创作灵魂与生命力。作品中洋溢的灼灼生命力不仅体现出创作者的创作心态和自由度，反映了他们在创作过程中能够将想象力和创造力发挥到极致的伟大过程。同时，这作品还说明了整个社会对个体创作生命的期盼、尊重、约束与鼓舞。他曾说过：“建筑最高层次的尊严和令人愉悦的品质皆取决于其生产过程中所涉及的智慧生命的生动表达。”①

① Ruskin, John. *The Seven Lamps of Architecture*, New York: J. B. Alden, 1885, p. 123.

图 14：The Église Saint-Étienne-du-Mont church and the Abbey of St.Genevieve
（中世纪建筑艺术中的极品：圣艾蒂安教堂与圣吉纳维夫修道院，法国：巴黎）

同时，在真正饱含创作者生命力的作品中，还应该体现出艺术创作的意志决定者（一般是统治阶层）与这一意志的执行者（一般是劳动匠人和手工艺者）之间的权力分配与和谐关系。罗斯金指出，这两种角色之间应达到一种相互信任、相互尊重的平衡状态。最终，在健康的艺术创作过程中，一方面占有社会大多数资源与权力的决定者的意志可以得到充分体现。另一方面，执行者尽管在资源和权力分配上处于劣势，但也不必以牺牲灵魂为代价。他们亦可以充分参与其中，注入个人的聪明才智和原创精神，同时也享有自主自行的意志。可以说，一件完美的建筑作品应该充分体现出这两方面的意志。意志执行者的全身心付出和智慧生命的投注极大提高了作品的审美高度和品格，而意志决定者与执行者之间和谐的权力关系也使得这种创作作品不再是社会大生产背景下，一切以利润为中心的罪恶物欲的产物。人们在凝照这类艺术作品时，既能够理解意志决定者的功利性目的，也能够体悟意志执行者在整个创作过程中投入的全部身心、创作生命力与无关自身利害的奉献精神。从这一原则出发，可以阐发出前文的奉献原则与真实原则。

我们知道，在之前怀有坚定的福音派宗教信仰时期，罗斯金对上帝的作用极为推崇，将其作为世间万物和人类本源，认为一切美的、充满神性的事物皆发源于他。相对而言，人的作用则被置于一个很低的位置，万般行事都只能遵从上帝的旨意，必须充分履行他赋予的职能，只有这样才能成就其作为上帝最高级造物的存在。此时，当宗教信仰发生变化之后，他对上帝的看法亦有些动摇。尽管依然肯定其重要性，但他已经开始关注人类的尘世生活，关注他们在尘世中是否能够获得愉悦和幸福，是否能够充分发挥自己的生命力，以及最终是否能够履行上帝赋予的职责——通过自身的道德追求与宗教信仰，见证上帝的荣耀。因此，他无情地批判工业社会大生产和追逐利润的原始资本积累过程，认为在这一社会背景下，人们已经被剥夺了人性，也就是作为上帝之造物的尊严和天性。在这样一种畸形社会中，人已经出现多种异化现象。这表现在人与人之间关系的异化，人与自然关系的异化，人与万物关系的异化，以及人与上帝之间关系的异化。他认为人虽然是存在缺陷、有限而不完美的上帝造物，但其身上的神性依然值得尊重与弘扬，只有为其提供可充分发挥自身力量的良好环境，他们才可能履行上帝赋予的职能，并与其达到交感。就艺术创作而言，创作者必须在有利于其创作的环境中，在有可能充分发挥个人想象力、创造力和理解力的社会中，才能创作出映射外界自然神性的作品，并在这一过程中充分发挥牺牲奉献精神，打造出真、美、力量相结合的艺术作品，并通过这种作品彰显自身创作生命。

那么，究竟何为真正的生命？这种生命有何特点呢？罗斯金指出，在综合人身上的各种能量之后，我们会发现人性的双重特点。人既有真信仰，也有假信仰；既有真希望，也有假希望；既有真慈善，也有假慈善；既有真生命，也有假生命。而人的真正生命就是他用来塑造和统御外界事物的独立力量，具有极强的吸收能力，可将周围的一切都转化为自己的物质给养和精神食粮。这种力量尽管会促使人类恭顺谦卑地聆听，并遵从于上帝那至高无上的智慧的指引，但又绝不会使其丧失对权威的判定原则和自主意志。这种意志既可以使人类虔心服从，也可以使他奋起反抗。①

---

① Ruskin, John. *The Seven Lamps of Architecture*, New York: J. B. Alden, 1885, p. 124. "His true life is like that of lower organic beings, the independent force by which he moulds and governs external things; it is a force of assimilation which converts everything around him into food, or into instruments; and which, however humbly or obediently it may listen to or follow the guidance of superior intelligence, never forfeits its own authority as a judging principle, as a will capable either of obeying or rebelling."

通过这种界定，罗斯金奏响了弘扬人类主观能动性和存在价值的颂歌。尽管依然强调上帝的智慧和力量是至高无上、无可违拗的，但他已经明确指出，人类的主观力量有其独立存在的价值，且蕴含着巨大能量。在他眼中，人是一种结合体，在对上帝的虔心服从中怡然自得，能够充分发挥自身的各种潜能，主动反抗压抑自己创造力、想象力的势力。可以说，除了鼓吹谦逊、服从等传统道德准则和美德外，罗斯金还为工业社会中劳动匠人等平民阶层赋予了一种有理由存在的新价值和尊严。当时的一种观点认为，统治阶级和世袭贵族是理所当然的领导者，而“无知”的百姓则应该毫无异义地全盘接受所谓“智者”领导。对这种观点，罗斯金始终嗤之以鼻。他认为，统治阶层和平民须各自遵从上帝的分工，彼此顺服天意，建立最为和谐的合作关系。这也是前面我们提到的，艺术创作过程的意志决定者和意志执行者之间的和谐关系和权力平衡。可以说，意志决定者和执行者在各自顺从各自天意的过程中，建立起建设性的互动关系，可以极大地推动作品的产生进程，并使之成为见证上帝荣耀和彰显人性自由之光的神来之笔。

他指出，神意与人性皆为维系健康社会结构的根基。社会中生活的任何人都应该体现自身的真实生命，过真实的生活，在谦卑而恭顺地倾听或遵循上帝旨意指引的同时，也不至丧失心灵自主性。但可悲的是，在工业社会，人们（包括统治者，也包括劳动匠人及其他平民阶层）大部分时间都过着虚假的生活。他们要么是在工业文明和机器大生产所标榜和张扬的理性驱使下变得骄妄自大，在整个社会所推崇的物质至上的道德体系中盲目从事追逐经济效率和利益的批量生产活动，要么是在资本主义原始积累的剥削和压榨下，甘于沦为逆来顺受的“有生命”的工具。这些人都在充斥着常规定制与意外偶然的世界中，过着并非自身想过的生活，说着言不由衷的话，对自己并不懂的事情盲目附和，从事着违背个人意志的活动。众多诸如此类的虚假生命浑浑噩噩游荡于世间。在这种虚妄的生活中，人们自身的生命为虚伪的信念所束缚，也为无关紧要的身外之物所负累，生命之花逐渐在压抑中萎缩。因此，真实生命实难觅得，是人类发挥自由意志进行自我研判，在面对自身双重人格时做出自觉正确的伟大抉择。这也是顺应自然，遵从上帝神性的卓越过程。在这一过程中，作为上帝造物的人的人性生命和神性自我亦可得到充分彰显。

综上所述，罗斯金始终认为，上帝的神性是维系整个宇宙和外界自然的基础，而作为上帝造物的人类则应该体现出真正的人性，奏响雄浑壮阔的生命之音。正是这种生命构建着社会体系的根基。因此，在整个社会大背景下投身艺术创作，尤其是建筑创作过程中的人们，无论是作为这一艺术的意志决定者，还是意志执行者，都应过着真实的生命，充分弘扬一种谦卑顺从与大胆反抗相结合的力量，努力促使这一作品成为充分模仿自然万物之无上美感、真实映射创作者内心的喜好和情绪、饱含着奉献与牺牲精神的高等作品。只有这样做，人类才不愧于上帝所赋予的神性，才能获得真实的生命，有希望与上帝达到交感。

六、记忆明灯（The Lamp of Memory）
——建筑的历史使命

在这一部分，罗斯金从对建筑艺术创作者的关注转向整个社会，讨论了这种艺术的历史使命，即在人类生存繁衍的时空长河中，建筑发挥的无可替代的作用。概言之，此处论及观照建筑艺术时，人类想象力和自主回忆的重大影响。我们还记得，在《近代画家》中，罗斯金起初断然否定联想和想象在审美体验中的作用。但不久后，他又指出，加拿大的风景对于他来说较为陌生，而他所熟知和热爱的瑞典国土则显得可爱了许多。他显然是通过联想过去美的记忆，温习自己在当时的审美感受，重温那种灵魂与生命，获得美感。这就说明，随着思想的发展，罗斯金逐渐承认联想和回忆可以使人们感受到美。在《建筑的七盏明灯》中，他选择了记忆原则这一非常适当的机会，继续进行讨论。

不过，在这一部分，他关注的并不是人类个体回忆对审美体验的作用，而是放眼整个社会历史的传承进程，聚焦建筑艺术所承载的整个国家、民族乃至全体人类的回忆。由于自身能力十分有限，要受制于时间和空间，人类在审视自己的过往时似乎总隔着一层神秘的面纱。历史的记忆也总是虚无缥缈、微弱苍白的。“与活生生的国家之实的书写以及没有损坏崩毁的雕塑所传达的思想相比，所有历史记载都是冰冷的，所有意象都是没有生气的。”①正因为如此，历史学家们会极尽能事，以现实的种种为基石，试图堆砌和重现过去的真实，尽力绘制一卷栩栩如生的历史画面。在罗斯金看来，有两件事物可以为历史注入生命，有助于克服人类善忘的本性。这两件事物即诗与建筑。虽然诗歌创造者们认为文字延续着事迹，诗歌使人物和事件复活，但建筑实在比诗具有更大优势。它在现实中发挥的作用更大、涉及面更广、更可触可见。与诗歌的抽象、无声和涉及人群小等特点相比，活生生的建筑实体更具有铿锵实在的说服力，也更贴近人们的生活。建筑包括了诗，也囊括了人类过往生活的一切记忆。因此，人类历史不只体现在记录自身所思、所感、所悟的记忆纸片和书作中，还包含在他们用双目注视观察、用双手统辖擎举、用全力雕琢创造出来的日常生活与历史生活的印记——建筑之中。

建筑以厚重、可触及的方式见证并承载着过去，其直观立体的表述方式比书面记录的历史更具说服力，带有极强的客观和物质优势，是人

---

① Ruskin, John. *The Seven Lamps of Architecture*, New York: J. B. Alden, 1885, p. 169.

类追索过往、重塑记忆的重要纪念之物。尽管人类可以不依靠建筑生活，不依靠建筑进行礼拜祭祀，但若是没有了建筑，人类的所有记忆都将是建立于虚妄之上的痴人说梦。建筑作为人类文明的舞台、承载真实生活的容器，其历史功能之重要在罗斯金看来已经超出了其最初、也是最基本的作为宗教崇拜的象征之用。不过，建筑的出现仍要建立在日常生活和宗教祭拜需求的基础之上。

建筑保存着人们在过去年代中沉淀的记忆，并以有形语言诉说着历史。在罗斯金看来，建筑最壮观的美并不在于其耗费巨资或其实体的庄严和伟大，而在于其年代之久远，①在于其回荡着历史的呐喊，在于其注视人类生息繁衍时的冷静、从容和淡定，在于其神秘面纱下的怜悯与仁爱。在历史长河中，这种厚重的存在与千秋万世的人们进行持续对话。它的砖墙由人性的汩汩长河浇注而起，它的盛名在人类的生息与创作中得到弘扬。在历史长河中，观看的主体（人类）与被观看的对象（建筑）发生着角色转换：原本在某一短暂时期内接受人类眼神驻留的建筑在历史长河中变成了见证王朝兴衰盛败、人类喜怒哀乐、民族繁盛消亡的载体。它们持续观照着人类生活，无声对比着事态变迁。亲眼目睹人类的悲欢离合，但又静静地吸纳所有，不加评判。反过来，人们常常以其为鉴，在观照过去的同时也反射出当今世界的种种百态。历史学家常说以史为鉴，建筑的实体正是可供人们借鉴的舞台。作为无声语言的建构，建筑成为人类与历史事件不断交互作用的媒介、载体、见证者与亲身参与者，交织、延续着现在与过去之间永无休止的碰撞和对话。

我们知道，在引出建筑的七条原则时，罗斯金最初强调的是其无为之用，关注人们在建筑艺术创作过程中的奉献精神。从奉献精神到记忆

① The greatest glory of a building is not in its stones, or its gold. Its glory is in its Age.

原则的发展轨迹看，罗斯金的思想变化正是延续着上帝到人的路线。他始终没有放弃对上帝最高存在的关注，同时也逐渐挖掘着人类的主观能动性，强调建筑这一特定艺术对人类的特殊意义。此时，在他眼中，建筑不仅源于人们对上帝进行膜拜的需要，还忠实记录着人类在尘世的生活状态与生命旅程。这再次证明，由于对自身宗教信仰的强烈怀疑，他已经越来越关注人类作为上帝造物在艺术创作过程中的主体性、主动性和主导性。

综上所述，在这部分罗斯金关注的是人类文化传统和历史活动在建筑艺术中的体现，是从宏观角度论述建筑的历史影响。而在下一章中，他又将视线转向建筑艺术的创作主体——人，侧重研究他们应如何对待种种传统准则，即建筑在历史长河中传承延续的性格与价值。

七、顺从明灯（The Lamp of Obedience）——建筑的无上法门

前面曾简要提过，在《建筑的七盏明灯》中，罗斯金主要论述了自己对哥特式建筑各种美德的推崇，尤为看重其自然、奔放、野性等充分洋溢着人类主观性的特质。这种建筑风格以古典美学中所谓的“不完美”为特色。但实际上，它彰显的轻疏狂放和随性自由正是人文和人性的凝聚结晶。不过，在最后论述第七盏明灯——顺从明灯时，他又重回了法则，强调顺服与谦逊。这里需要注意，他强调的服从原则与古典主义思想中以比例对称作为创作标尺、静穆安宁作为创作追求的传统主张是存在一定区别的。他所强调的并不是盲目追求典范，而是要摒弃机械化的盲从，以及无意识或下意识的因循，服从来自上帝的普遍法则（universal law），即顺从于“不可道之道”。这类似于老子所说的天道、自然之道，而非人为之道。这里依旧可以深深地体会这位美学家的深刻宗

教观念。在顺从行为之前，首先必然存在某个或某些可供人们实现并抒发顺从之情的归依对象，即一种完美典范。而在罗斯金的神性美学中，这种典范必然来自于一位尽善尽美、至高无上的上帝。

不过尽管此时罗斯金依旧保持清晰、明确的宗教观念（如：上帝作为至善至美的存在），但他早已把视线转向与人类息息相关的国家、社会、政体、历史等具体概念，并将人类的各种世俗生活提到与宗教信仰等同的高度。他对人类世俗性的关注也清晰体现出来。随后，他试图解释为何将顺从原则放在最后进行论述：每种壮丽宏伟的建筑形式在某种程度上都是对宗教信仰、政体、自然、生命、历史等人类活动的充分展现和注脚。而顺从原则恰恰就可以使宗教信仰广为传播、国家政体保持稳定、人民生命走向幸福、艺术创作得以绵延。[1]这一原则将其它几盏建筑明灯推向登峰造极的高度，发挥重要的画龙点睛作用。

简单地说，在服从明灯指导下，建筑不能为了标新立异而追求原创性，而应该在遵循社会和文化价值的辉煌伟大传统基础上追求创新。下面我们将具体分析。

首先，罗斯金所说的顺从必须建立在一种自由基础之上。不过，他对于自由地位之承认，只是出于顺从的需要。但是，这种自由对顺从的意义也十分巨大。如果没有自由作为根基，这种顺从就会沦为奴颜婢膝的盲目屈服。只有在这种自由介入之下，顺从才可能趋于完美。这二者的完满结合就产生了一条既能表现人类对高于自身存在（宗教信仰、政体、自然、生命、历史等）的顺从之情，又能在这种顺从之情的引导下

---

① Ruskin, John. *The Seven Lamps of Architecture*, New York: J. B. Alden, 1885, p. 165. "That principle, I mean, to which Polity owes its stability, Life its happiness, Faith its acceptance, Creation its continuance, —Obedience."

充分发挥自身创作潜能和自由生存价值的创作法则。尽管，各种事物在某种程度上都应充分表现各自的能量，但它们的终极完美则完全取决于受到的约束和克制（Restraint）。因为，不受任何约束的自由根本就是一种子虚乌有的事物。我们以罗斯金最为熟悉的人类始祖亚当和夏娃被逐出伊甸园的《圣经》故事为例，来说明人类与自由的关系。万物伊始，人与自然之间是一种完全和谐的关系。那时，人没有选择，也没有自由，更不会理性思考。但自从亚当夏娃这对人类始祖夫妇违反了上帝的律法，吃下代表知识的禁果后，这种和谐关系就永远、不可挽回地被打破了。宗教角度把这一虚构的事件解读为人类罪恶的发端。在前面的论述中，罗斯金曾多次强调这种原罪，并在此基础之上推演出人类追随上帝造物——自然的必要性。不过，若从人类视角来看，这恰恰是自由的开始，亦是他们获得知识、运用理性的开始。实际上，在人类追逐自由之前，原本就已经拥有了与上帝和自然之间的和谐关系。这种和谐本身是基于人类安然自得的顺从之情。而被逐出伊甸园后的人类虽然脱离了天堂的甜蜜束缚，但自此也永远无法在所谓的“自由”中获得幸福。

可以说，自由是一种极限观念，是一种永远无可到达的境界。人类只能缓缓接近而永远不能得其路径。但是，这一概念往往被人们无限扩大，其意义也常发生扭曲。法国大革命时期著名政治家罗兰夫人（Manon Jeanne Phlipon）在临刑前，曾对革命广场上的自由雕像深深鞠躬，并留下了一句广为人知的名言：“自由，自由，天下古今几多之罪恶，假汝之名以行！”①这句感叹充分说明了自由徒有虚名、内涵模糊的尴尬地位。它的真正含义无法通过任何形式得到充分诠释。但正是由于

① Ô Liberté, que de crimes on commet en ton nom！（O Liberty, Liberty, how many crimes are committed in thy name!）

这种特点，任何形式都可假借自由，欺世盗名。不过，自由的践行也仍需透过形式得以表现。就罗斯金所关注的艺术形式而言，哥特式建筑就是能够诠释和践行自由的一种形式。只不过，这类建筑风格的灵魂并不是使人类可以为所欲为的自由，而是服从中的自由。这种服从绝不是与自由相对立的敌人，而恰是自由之灵魂。因此，自由的真实含义就是指自由的约束：自由依靠约束规则和限制作为保障，一旦失去控制或逾越界限，便毫无自由可言。换句话说，服从才是自由的真正内涵，通往自由的实践之路就是对典范的服从。这一原则不仅适用于人，就连整个宇宙也都顺从于自然法则。例如，自由落体名为“自由”，但事实上万物的落体轨迹却皆在一丝不苟地遵守着重力定律。从日月星辰到浪花细沙，从潮汐起落到山川河流：整个尘世皆以完全顺服的姿态自由自在地运行。而建筑作为彰显人类对上帝服从与热爱情感的伟大见证，当然也不例外，其生成也必须服从自身的法则，正像万物运行必须服从自然规律。与建筑同样作为一种艺术形式，文字的连缀也必须服从文法与语法。

在这里，罗斯金多处以语言文理类比建筑纹路，以文法来比喻建筑应遵守的规则。这样做是不无道理的：因为一个国家和一个民族的精髓就在于传承其文明的文字。一种悠久而成熟的文明孕育出的语言往往既富有变化，又服从于规则，精准严密。相似地，建筑和语言一样，亦应该凝聚深沉和伟大的人性力量，记录文化的点滴。可以说，一个国家的建筑只有像语言一般成熟建立起来，并具有普遍性时，才可称为伟大的建筑。[①]建筑艺术与语言艺术一样，既深沉伟大、富丽万千，又贴近日常生活、可亲可触。在语言中，不管用字和意义指涉发生多少变化，都必

① Ruskin, John. *The Seven Lamps of Architecture*, New York: J. B. Alden, 1885, p. 167.

须遵循传承文明精髓的文法。这种文法象征了整个语言系统，乃至整个文明形态的成熟与完善。建筑亦是如此，不管风格如何演绎，仍需遵守其自身的建构法则。这种法则象征着奉献、真实、力量、美、生命、记忆等原则的最高组合形式。只有遵循法则，建筑形式的有效性与流畅性才可能成立。可以说，法则之于建筑的重要性就有如文法之于语言，是一切创作行为的根本源泉和先决条件，需要通过最为精准严格的练习方可渐入纯青之境。只有在对法则的服从中，人类才可领悟为了服从法则，需要反对哪些做法。只有懂得了需要服从和反对什么，才会了解在创作过程中发挥自身创造性，自由加入不寻常艺术形式的合理意义。这种不寻常艺术形式是必需的、体现出人类个性的、崇高的，可以说是在顺从美德映衬下的自由精神之体现。不过，整个过程必须以精准无误地服从法则为前提。

那么，在建筑艺术的创作过程中，究竟应该服从什么呢？

我们知道，在《建筑的七盏明灯》中，罗斯金坚决反对资本主义工业社会机械大生产，认为它使人沦为奴隶，使人完全丧失了上帝所赋予的神性和人性价值。在这里，他指出，古典式建筑与工业社会标准化大生产环境下产生的建筑艺术式样皆是出于人类机械因循的创作方法。因此，尽管这两种建筑皆符合法则，但创作者都沦为了劳动力的奴隶。他们的创作方法充满奴性，出发点是盲目的惯性，成品因此完全扼杀了人之为人的本性和尊严。在这种思想主导下创作出来的艺术作品自然会完全丧失人性之光。真正的顺从是指追随法则，以自由发挥自身原创力为形式。

在罗斯金所推崇的中世纪建筑艺术——哥特式建筑风格中，古典传统指导下工业社会中盲目、机械的创作行为完全无踪。中世纪的建筑工匠们在创作过程中，充分发挥自身聪明才智和创造力。虽然在那时，罗马天主教会权势熏天，行会组织的影响力与日俱增，强势地限制了个体发展，但与工业社会和社会大生产背景下资产阶级对劳工的压榨与剥削相比，中世纪工匠们在追求有保障的生活之外，还有时间和精力追求创作自由和思想的独创性。可见，罗斯金所谈论的顺从绝不是指臣服于任何社会结构的控制，而是要遵循宇宙自然之法则，以虚心和谦逊的态度学习社会文化价值中现存的最为辉煌和伟大的传统原则，并在此基础上追求创新。在这一过程中，创作者必须摒弃自以为是、妄自尊大的傲慢态度，绝不能异想天开地认为自身能力高于任何既定规范，也不能因循守旧，盲从于任何社会结构的局限。

综上所述，罗斯金反对机械因循，反对奴性大生产，崇尚哥特式建筑所谓“不完美”建筑风格中彰显出的人性之光。可以说，自然流露出创作热情的人性，摒弃任何机械化的奴役与屈从，才是罗斯金所推崇的顺从。也正是这种服从，才能将前面的所有建筑原则综合起来。

第三节　“七盏明灯”的喻示原则

综上所述，在对七盏明灯的论述中，罗斯金表达了自己对多维度艺术价值的不同侧重。奉献明灯与真实明灯作为罗斯金七盏明灯的写作之首，是整部书批评架构的基石和出发点。奉献明灯为建筑制定了大善境界和总体基调，体现了建筑的终极价值，并将这种艺术作品从日常生活的繁琐平常之物中抽离出来，并加以升华。这一原则亦是建筑艺术批评之准绳，标示出艺术的纯粹度与高度。

真实明灯批判了建筑艺术中出现的内容与形式相矛盾的错误，批驳建筑形式之虚假，是真伪艺术的试金石，可以检验建筑是否忠实。这一原则堪称艺术的真实与道德之法，可用来辨明艺术形式之是非曲直。

力量明灯彰显了建筑形式的内涵和人类心智之完美体现，探讨作为创作主体的人应如何统御艺术作品，表达崇高的力量。

优美明灯是形式美学的重要依据。它规定，创作者应在自然中采撷，获得神性启迪，选择美的形式，最终将其作为模仿范本进行创作。在人类的创作行为中，对于自然之美的模仿永远先于并高于自我的创作发明。

生命明灯从创作者所处的生产、生活的社会背景出发，追寻建筑作品的品质，认为整个社会对于优秀建筑艺术的产生发挥着不可磨灭的作用。

记忆明灯论述了建筑的历史使命，指导创作者们通过维系过去的传统，传承人类文明，提高自身的宗教信仰和道德修养。

顺从明灯则是对建筑在过去、现在和未来之发展形式的整体论述，指明了当代艺术，特别是建筑艺术应遵循顺从法则，以自由创新的态度进行创作。

我们可以用简图的方式，将这七个原则表示出来：

Sacrifice—What is good?

(奉献——建筑艺术的终极存在，无用之用)

Truth—What is false，namely，not good?

(真实——建筑艺术的是非善恶，道德价值)

Power—The performance of human mind as God’s creature

(力量——建筑艺术的人性之光，崇高力量)

Beauty—The presentation of nature as God’s creation

(美丽——建筑艺术的自然摹本，形式之美)

Life—The function of social system

(生命——建筑艺术的社会伦理，创作之魂)

Memory—How we preserve art?

（记忆——建筑艺术的传承保留，历史使命）

Obedience—How we create art?

（服从——建筑艺术的法则典范，无上法门）

我们知道，虽然在创作这部著作时，罗斯金已经放弃了曾经的福音派信仰，但其宗教观念依然发挥着重要作用。从上述七盏明灯的论述中，可以看出，他将奉献原则放在首位依然有其明确的宗教意图。但是，此时他的思想已经十分开阔，不再只强调宗教因素，也开始仔细审视人类的作用和对人类创作产生影响的其它因素。在真实明灯、力量明灯、生活明灯、记忆明灯和顺从明灯等部分中，罗斯金分别从建筑的真实性、创作者心智作用、社会大环境的影响、对历史文明的传承、创作者创作态度等方面对人类在建筑艺术发生过程中发挥的作用进行研究。从这种创作顺序与侧重方面的不同，我们可以看出，在建筑这种最初应人类基本生活需求而生的艺术作品的创作过程中，尽管整体上要遵循对上帝的奉献牺牲精神，保持无关自身利害的心境，在创作形式上要模仿上帝在造物自然中彰显的神性——美，但还需要密切关注其他方面，例如创作主体自身的创造力和外部创作环境即整个社会体系的支持等。换句话说，尽管宗教观念依旧发挥作用，但罗斯金的目光已经转向对人类自身价值的思索，以及整个社会对人类这种创作主体的巨大影响作用。他的侧重方面也已经从玄妙飘渺、无可捉摸的天国，转向了凡尘俗世。虽然还不至于明确地喊出“人是宇宙之精华，万物之灵长”①的肺腑之言，但他明显已经对这种上帝造物自身的主体性、生命力、创造力、想象力、愉悦精神、道德修养有了充分的认识和尊重。

---

① Shakespeare, William. *The Tragedy of Hamlet*, *Prince of Denmark*, Act II, Scene ii, pp. 285-300. “the beauty of the world, the paragon of animals.”

结　语

罗斯金美学思想主要体现在他的美论、崇高说和建筑艺术思想中。他著述丰富、文字优美，但思想并不是严密的体系，而是随着时间的变化呈现出多种可能。这种丰富多样的背后，实际上是他宗教思想的变化在发挥作用。前文有关他活力美、类型美、崇高观等观念的细读，以及对于其提出的建筑艺术七盏明灯的探索，都验证了这一点。

罗斯金宗教信仰的多次起复和变化都体现在他所关注的这些美学问题中。

类型美充分体现了他的神性美学。这是他构建的和谐、节制、静谧的存在，是真善美的结合，可以追溯到上帝的那片玄妙之境。

活力美充分反映了他对人类的关注。这是他回应主体生命、发挥人类自由思想的积极努力，是创意、勇气和自信的展示，可以追溯到他作为一位学者的科学探索本能。

崇高观的反复变化和摇摆更是他宗教信仰变化的晴雨表。究竟是将自身依托于一位无形的超自然存在，还是在实实在在的世俗中将有限生命赋予无限可能？罗斯金在纠结、矛盾着。

通过世俗性很强的建筑艺术中，他提出了七大原则，进一步探索了上帝和人类的关系。可以说，这七大原则各有侧重，但最终指向一种律法的管辖。这种律法管辖倒未必就是之前他推崇的上帝律法，而是更偏向于一种道德、艺术相结合的指导人类艺术创作活动的律法。

囿于时间，本书未能详述罗斯金后期的社会评论思想。但是，他后期作品的宗教意味确实越来越薄弱，对于世俗生活的关注越来越多，更加强调道德自律和自由艺术创作。尽管宗教观点多次发生改变，但他对道德的关注却始终如一。如果说在早期，这种关注更像是宗教思想的补充和实施路径，那么在后期，对道德训教的强调则更是基于实实在在人类日常生活和艺术创作生命的具体建议，是他奏响的发自内心的人类生命之歌。